艾蜜莉的萌系動物羊毛氈

貓咪篇
= CAT =

Emily's
Lovely Cats to Needle Felt

* 序 *

從第一次接觸羊毛氈到現在，不知不覺已經過了快 10 年。這次出書，除了集結多年來製作動物羊毛氈的心得，希望讓同學們除了課堂時間，有另一個管道解答製作時的疑問。同時，也希望讓更多人可以和我一樣，體會到羊毛氈帶來的快樂。

《艾蜜莉的萌系動物羊毛氈》一共分成兩本——「狗狗篇」和「貓咪篇」。以過往的經驗來說，貓咪其實算是進階版，比狗狗羊毛氈更難上手。狗狗大部分有長長的嘴管，五官突出好觀察，辨識度也高，只要掌握輪廓就有個大致的樣子；然而貓咪的輪廓差異不大，幾乎可以說是從眼神、顴骨的隆起程度、鼻樑高低這些細微的五官差異，來構成不同神韻。

因此製作貓咪羊毛氈的臉部，必須透過各個角度觀察。通常「側臉」是我最常用來檢視作品比例是否正確的依據。至於身體的部分，跟狗狗最明顯的差異是胸骨不特別突出，也不太會有很明顯的腰身（除非你的貓咪很瘦）。且貓咪的脊椎及腹部很柔軟，會隨著姿勢改變（如趴著、側躺、伸懶腰），身上的肉如同「液體」般延展擴散、拉伸。

在這本貓咪篇中，收錄了 1 款幼貓（美國短毛貓）、4 款成貓（長毛的金吉拉、布偶貓，以及短毛的白底虎斑貓、英國短毛貓），讓大家練習不同貓咪的花色、修剪毛髮的技巧，也能辨別幼貓及成貓的臉部輪廓差異，還有貓咪常見的姿勢身體製作，增加學習的範疇。當熟悉這些技巧，之後也能夠靈活應用，透過觀察、練習，再做出其他的貓咪。

《艾蜜莉的萌系動物羊毛氈》很推薦給剛接觸擬真羊毛氈的人，希望大家若有興趣，不妨給自己一個機會進入擬真動物羊毛氈的世界。現在養毛孩的族群越來越多，毛孩就像家人般的存在，所以我的學生中，有出於興趣來上課的人，想做出自家寶貝的人，也有想創業接單或開課的人。

　　雖然我現在已經沒有在接單，不過前期的時候，我也是一邊工作，一邊先接業餘訂單、練習復刻，並穩定產出新作品放在社群媒體。這段經驗的累積，對我來說很重要，一來練習手感，二來透過曝光，可以讓大家看到作品越來越精緻、持續創作的積極態度，這也是現在學生來源穩定的原因。

　　在這本書中，我將製作動物羊毛氈的技巧，盡可能鉅細靡遺寫出來（自己都覺得是不是太囉嗦），但想要進步沒有捷徑，還是要透過不斷練習累積經驗。不過，手作不是機器生產線，做出來不一樣很正常，應該說，根本不可能做出兩個完全相同的作品。所以啊，雖然是擬真版的羊毛氈，與其糾結在「有多像」，我更希望大家能夠用放鬆的心態來練習，在這個過程中，用心感受羊毛氈帶來的療癒！這是我決定出版《艾蜜莉的萌系動物羊毛氈》的用意。最後，還是想說，無論你是狗派還是貓派，都很謝謝大家購買本書！

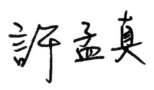

Cute Cats to Needle Felt

!!

= PART =

1

動物羊毛氈的
基礎導覽

CAT

擬真可愛的
萌系動物羊毛氈

在開始學習戳刺可愛的動物們之前,我們先來了解羊毛氈的基本原理!原理非常簡單,羊毛氈製品是由一大團蓬鬆的羊毛,藉由特殊的戳針(上面有倒刺),一針針的戳刺之下,讓羊毛的纖維糾結在一起,變得越來越紮實,並在這個過程中塑型,產生我們想要的形狀。因為材料就是羊毛,觸感舒適,可以依照戳刺程度改變軟硬度,甚至在表面植上漂亮的毛,做出細緻逼真的動物,這也是它的迷人之處!以羊毛氈的形式表現毛孩的質感,總是讓人愛不釋手。

《 羊毛氈的成型原理 》

羊毛氈的技法分為兩種,一種是「針氈」,另一種是「濕氈」,這兩種有很大的不同,這本書主要的範疇是以針氈為主,但也向大家稍微介紹兩者的差異:

針 氈

羊毛的纖維可以透過戳針上的倒刺,藉由一針針反覆戳刺的動作讓纖維之間產生連結而成型。因為主要工具是「戳針」,故我們稱之為「針氈」。

濕 氈

羊毛可以透過介面活性劑(如肥皂、洗髮精)與水調配出特定的比例,經過搓洗而形成堅固如布料般的樣態,這會運用在製作羊毛氈鞋、包包甚至服飾等等。因為有接觸水,故稱之為「濕氈」。

《 豐富多變的羊毛氈類型 》

同樣都是羊毛氈,但其實類型分很多種,包含一般常見的 Q 版、擬真羊毛氈,以及藝術創作的類型,還可以用來製作包款等生活小物,可以表現的型態和用途都很多,戳刺過程也相當療癒。而在這本書中,我們做的是擬真動物羊毛氈。

《 擬真 vs. Q 版的動物羊毛氈 》

一般 Q 版動物羊毛氈比較不需要注意臉部骨骼的結構、眼皮顴骨製作或植毛的細節。當然兩者無法比較高與低,只是擬真動物羊毛氈會帶有很多雕塑的概念,也必須對動物觀察入微。

動物羊毛氈的
常用素材＆工具

由於市售的品牌相當多，以下會以介紹我自己常用的為主。好的材料和工具，可以讓製作過程更順手，成品的細緻度也有影響，大幅提高成功機率！

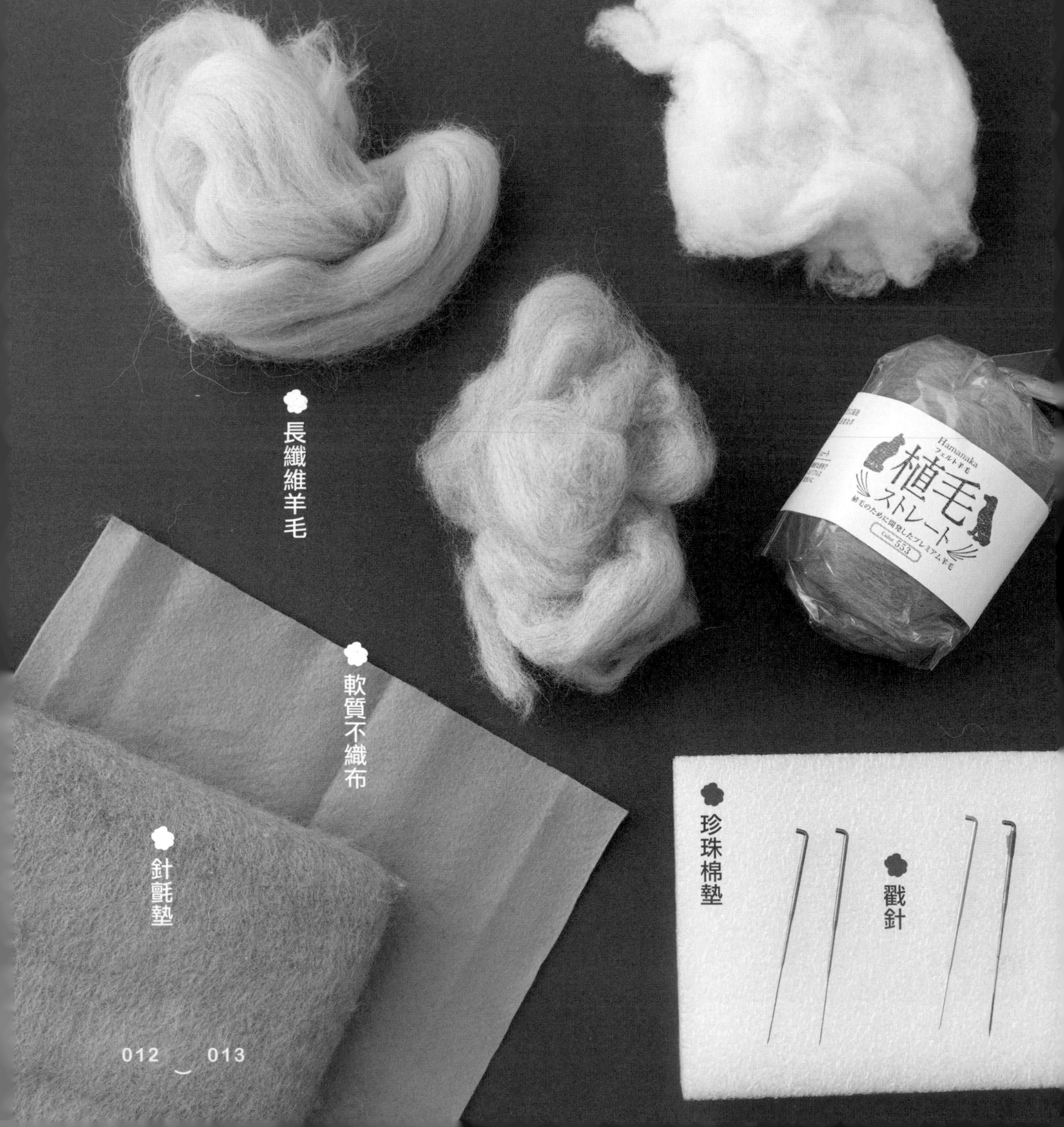
短纖維羊毛
長纖維羊毛
Hamanaka
植毛
ストレート
Color 553
軟質不織布
針氈墊
珍珠棉墊
戳針

基礎材料與工具

🌸 羊毛

羊毛的種類和品牌很多，大範圍可分為「長纖維」以及「短纖維」兩種。

短纖維羊毛

通常一扯即斷裂，適合拿來做羊毛氈粗胚的塑型，纖維越短，成品表面也會越細緻平滑。使用短纖維羊毛打底時，如果摸起來已經有點成塊、密度較高的會更好，可以增加作品氈化的速度。我使用的是「**西班牙短纖維羊毛**」。

長纖維羊毛

種類眾多，例如美麗諾羊毛、Corrie 柯瑞戴爾羊毛等等，特色是纖維不易拉扯斷裂，適合用在濕氈或是植毛用。我在使用長纖維植毛時，首選羊毛是日系品牌「**Hamanaka**」**的專屬植毛系列及 Mix 系列**，另外還有**羊駝毛**（極柔順如毛髮）或 **Corrie 柯瑞戴爾羊毛**（有點微自然捲曲），基本上會視不同動物種類的毛色或質地去調配使用。至於有些摸起來太過細軟的長纖維羊毛容易沾黏，會使作品毛髮看起來不蓬鬆，這種建議盡量避免使用。

＊以上羊毛皆可在「瑪琪羊毛氈工坊」購買

🌸 戳針

做羊毛氈會使用有特殊倒刺的戳針。在網路上可以看到非常多的名稱，如旋風針、四角針（又稱星針）等等，每個店家的戳針即便取名相同，也可能因進貨來源不同以致手感不一樣，原因是倒刺的排列只要稍有不同，就會影響氈化程度。

我常使用日系品牌「**Clover 可樂牌**」**的 #607**（粗）、**#606**（細）戳針，這系列的戳針銳利，但是也比較容易折斷。可樂牌戳針的販售商店多，大家可以自行搜尋。另外我也會使用德國粗四角針（粗星針），此款戳針較不容易折斷。植毛時則幾乎都使用可樂牌的 #607 或 #608 戳針。

另外還有一種特殊針叫「倒鉤針」（又稱拉毛針），這種戳針會逆向將作品表面的毛勾出來，產生微微的絨毛感，也是大家可以體驗看看的。

🌸 工作墊

珍珠棉墊是適合新手使用的工作墊，材質為 EPF，單價低，好取得，但缺點是易隨著使用次數而凹陷。而比起珍珠棉墊，我最常使用的是 **Woolbuddy 針氈墊**（XL 尺寸），上面墊上一層軟質不織布，能夠長期使用（我已使用數年）。可從 Amazon 亞馬遜網站購買，雖然單價加運費可能近千元，但是相對環保，而且可以用很久。

輔助工具

🌸 微量秤

使用在羊毛的取量秤重，對於新手會相當有幫助。因為羊毛很輕，建議購買能夠準確測到小數點後兩位的規格，我使用的單位是 500g×0.01g。

🌸 Hamanaka 雙針筆

在一支筆管中裝入兩根戳針，可以加速作品成形。此握柄手感佳，但是我會自行將裡面的戳針替換成兩支 Clover 可樂牌的 #606 或他牌細針，因為原本附的 Hamanaka 戳針阻力過大，作品表面容易凹陷。

🌸 Clover 可樂牌三針筆

可以裝入三根戳針的筆，這也是用來加速作品的成形，通常用在比較大面積的部位，如動物身體的粗胚。

🌸 錐子

這是調整作品時相當重要的工具，可以微調眼距、鼻樑高度、整理植好的毛等等。大家記得挑選前端如「竹籤」形狀的錐子，才不會過鈍不好使用。

🌸 記號筆（熱消筆、水消筆）

用來畫出眼珠位置，或是植毛花紋記號。有分為透過「熱氣」（吹風機）消除與「水分」（濕紙巾擦拭）消除的款式。我兩種都會使用到。

🌸 保麗龍膠

品牌不拘，文具行就有販售。用來固定眼珠、黏鬍鬚等等。

🌸 斜口鉗、無牙尖嘴鉗

製作動物身體骨架時使用，尖嘴鉗負責彎曲形狀、斜口鉗負責剪斷鐵絲。五金百貨店都有販售。

🌸 腮紅、眉粉

腮紅可以用來替動物肚皮或嘴部周圍上色。眉粉則是製作臉部時要加深顏色相當地好用。品牌不拘。

保麗龍膠

記號筆
（熱消筆、水消筆）

錐子

Clover 可樂牌三針筆

Hamanaka 雙針筆

微量秤

☆請按鍵《左油》按鍵開機
☆記得確認單位是《公克》
☆務必《打開盒蓋》再秤重

斜口鉗

無牙尖嘴鉗

腮紅

眉粉

植毛
專用工具

🌸 寵物針梳

在整理身體大面積的毛時相當容易梳開,可以讓作品毛髮變蓬鬆。我是使用 HelloPet 自動針梳(S 號),具有按壓自動退毛的功能,能讓梳子保持乾淨。

🌸 睫毛梳

區分為「塑膠梳齒」與「鋼梳齒」兩種,前者適合用來梳開頭部小範圍的毛,後者通常拿來處理「毛量過多」的問題,因為可以均勻地把毛梳下來讓毛量輕薄,相當好用。

🌸 剪刀

我手邊會備有一支美容小剪刀以及一把五吋半的頭髮剪刀(德國 Dovo)。只要選擇使用上感覺順手、銳利的剪刀即可。

🌸 梳毛板(混毛梳 - 兩隻一組)

我使用的是 Ashford 梳毛器,尺寸為 19.5×11cm。這個牌子的梳毛板尺寸偏大,可以一次混較大量的羊毛。使用方式為將不同顏色的羊毛條排在兩片梳毛板上,然後手持互相輕輕地對拉。過程中也可以整片撕下來,調整羊毛的顏色配置,再重複對拉的動作,顏色就會漸漸地混合均勻。

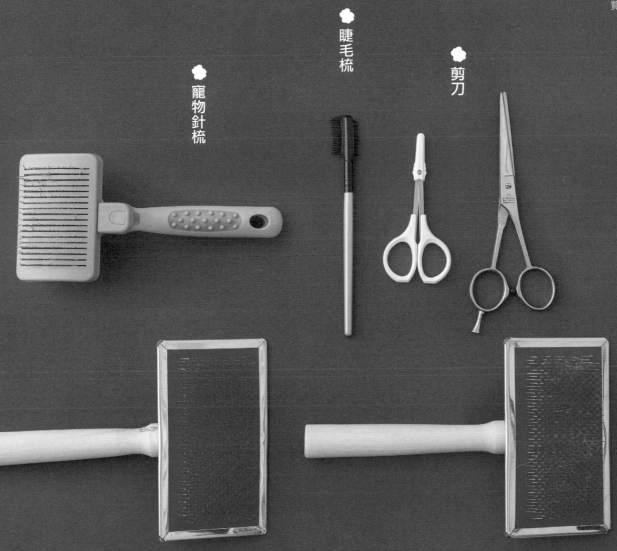

❀ 睫毛梳

❀ 剪刀

❀ 寵物針梳

❀ 梳毛板

小零件

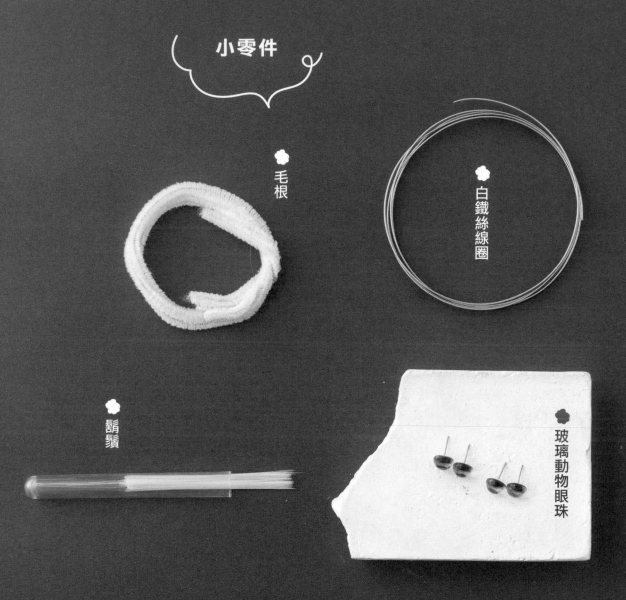

毛根

白鐵絲線圈

鬍鬚

玻璃動物眼珠

❀ 毛根

又稱「扭扭棒」。當鐵絲骨架製作好之後,使用毛根纏繞在鐵絲上面,再用羊毛纏繞。毛根除了可以使鐵絲的結構更加穩定,亦可讓羊毛輕鬆地附著上去,節省戳刺的時間。

❀ 白鐵絲線圈

我最常使用 #20 與 #22 的鐵絲,號碼越大,就表示越細。一般製作幼貓作品會使用 #22 鐵絲,成貓作品則使用較粗的 #20 鐵絲。

❀ 鬍鬚

以往我會購買 Rainbow 虹牌油漆刷(白色刷毛)來製作,但現在網路已有現成的「仿真動物鬍鬚」可以購買。用手指指甲輕輕刮過鬍鬚可以使之出現自然弧度,大家不妨試試!

❀ 玻璃動物眼珠

有藍色、綠色等各種顏色,較常使用的大小有 6mm、8mm 及 10mm。如果遇到相當特殊的眼珠顏色,我會使用相片紙列印出眼珠圖案,再剪下來用 UV 膠滴一滴在上面,並蓋上透明玻璃眼珠後,照 UV 燈使之黏緊再剪下使用。網路上搜尋會有販售「透明半球玻璃動物眼」的店家。

羊毛氈基礎技法

接下來要教大家羊毛氈基本的技巧，原理很容易理解，但要做得細緻仍然需要靠練習，才有辦法掌握手感，這也是做出擬真感的重要基礎。

掃這邊
看示範影片

《 握針 & 入針 》

羊毛氈是靠戳針戳刺來塑型，因此學會正確握針和入針的方法很重要。握戳針的時候，會以食指及大拇指握住戳針上端，以「直進直出」或「斜進斜出」的方式入針，避免斷針。

POINT 初期塑型時，我習慣使用偏粗的 CLOVER 可樂牌 #607 或者德國粗星針，比較堅固不容易斷裂。

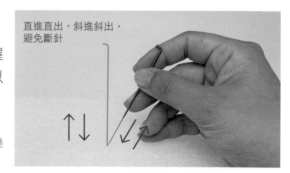

直進直出，斜進斜出，
避免斷針

《 取量 》

因為羊毛通常都是一整團，需要取出適量來製作。取量的訣竅在於取毛後先試捲出想要的形狀，再把多餘的毛抽掉，等戳刺成形後，覺得不夠再補毛。不過羊毛戳刺前後的體積差異很大，想要精準取量需要靠經驗判斷，並非可以速成，剛開始可能常需要補毛，多練習幾次就會熟練。

《 捲毛 》

取量後要將羊毛捲成需要的形狀。羊毛非常蓬鬆，因此新手最常遇到的問題，就是羊毛捲不緊或是鬆開，通常是力道不夠的關係。在捲毛過程中，我會以指甲顏色判斷是否有出到

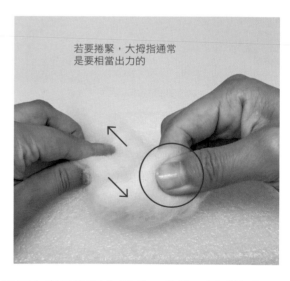

若要捲緊，大拇指通常
是要相當出力的

力氣，若大拇指指甲反白表示有用力捲毛。此外，捲毛沒有一次到位也無妨，可以捲到一半時稍微戳刺固定（避免彈開），繼續把剩下的毛捲完，多餘的毛再抽掉即可。

《 製作不同形狀 》

圓球（基底）

先取一小條長毛，將頭端打結後，剩餘的毛繞著這個結轉，將這個結
包覆起來。再用戳針將整體平均戳成紮實的圓球形狀。

先在羊毛的其中一頭打結

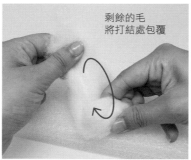
剩餘的毛
將打結處包覆

圓餅（基底）

先將羊毛折成像正方形的塊狀，將它戳硬，之後再將戳針打 45 度角，
將四個邊慢慢修成弧形。

先折成正方形

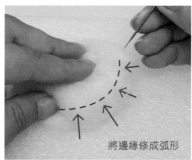
將邊緣修成弧形

圓餅狀完成

圓錐形

取出羊毛條之後，先將兩個
長邊往內折成需要的寬度（例
如嘴管長度），接著先往內
折成一個平面的等腰二角形
後稍微戳刺固定，再沿著三
角形一邊捲一邊戳刺，並將
前面最尖端的地方稍微往內
收圓潤，讓它不要這麼尖。

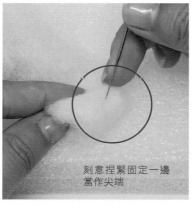
刻意捏緊固定一邊
當作尖端

保留活毛

鼻尖

POINT 手捏的另一端保持活毛狀態，用來當接合頭部的位置。

三角片狀（耳朵）

耳朵屬於薄片狀，通常我會把兩邊往中間折成三角形，再將戳針打斜去做氈化。注意入針不要過深，免得最後黏在戳墊上很難拔下來。最後再讓針躺平一點戳，去收外側的邊邊。

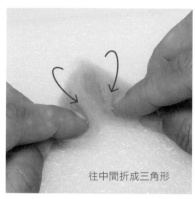

往中間折成三角形

先將中間部分戳紮實

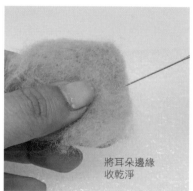

將耳朵邊緣收乾淨

片狀（舌頭）

舌頭也是薄片狀，我只會撕取想做的舌頭大小，鋪好後，直接氈化整體，然後再收外圍形狀，概念跟耳朵雷同。

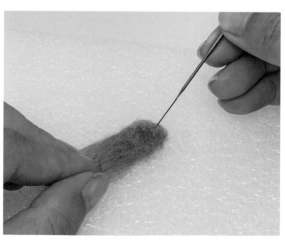

刻線（手掌紋路、嘴巴線條等）

動物手掌的前端通常會先包覆成圓形，這個圓形需要紮實，再去刻劃指縫的線。這時我們會取少許羊毛扭轉成細線，戳刺固定後，再將線戳刺接合到需要的部位。

POINT 使用戳針刻劃手掌線條時，注意要由下往上戳刺。若由上往下戳刺，手掌前端容易扁掉。

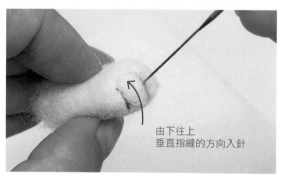

由下往上
垂直指縫的方向入針

《 接合 》

將兩個配件（如頭部與嘴管）銜接在一起時使用的技巧。入針方向會需要平行接合方向戳刺，這樣可以避免接合處產生一圈凹縫。

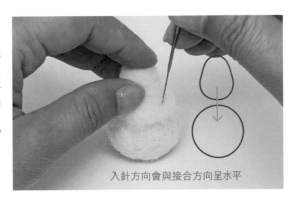

入針方向會與接合方向呈水平

《 上色 》

以不同顏色的羊毛，覆蓋住原本的基底。在上色前，我會先把羊毛撕拉重疊成硬幣狀後，鋪在欲上色的地方，使用細針先從周圍戳刺固定（戳針打斜），再將整片戳緊附著。整體鋪色完成後，要再經過細修，有毛色不均的地方可以重疊補毛，讓整體顏色飽和。

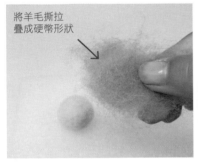

將羊毛撕拉疊成硬幣形狀

先從周圍固定

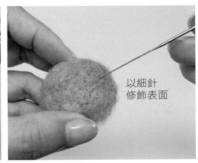

以細針修飾表面

《 整平表面 》

通常作品表面要平整，需要掌握入針深淺。在開始戳刺塑型時，依照戳刺時的手感，「表面硬的地方，入針要淺；表面鬆軟時，入針要加深」。當作品已經逐漸變硬後，從粗針替換成細針（打斜），慢慢精修表面。

《 修補技法 》

當作品出現凹痕或是接痕時，可以像上色的方法一樣，取欲覆蓋面積大小的羊毛量，撕拉重疊成為薄片狀，稍微戳刺後，再翻面附著戳刺在凹痕處（想像是貼 OK繃的概念）。

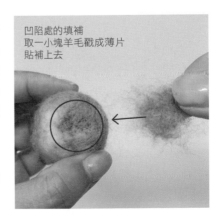

凹陷處的填補
取一小塊羊毛戳成薄片貼補上去

動物羊毛氈的初學練習
《 花栗鼠 》

花栗鼠的輪廓相對簡單，對於技巧還不太熟悉的新手來說，是很適合練習的動物，做出來也非常可愛喔！

花栗鼠的嘴部雖然看起來圓圓的，但有點帶尖。臉頰則要做得澎澎的，甚至建議誇張一些，畢竟花栗鼠很會在臉頰內藏食物呢。不少同學在處理耳朵部分時容易接錯方向（雙耳朝前），正確做法應該是雙耳粉色面朝外，此外，也容易不小心將耳朵做得太大像米老鼠，這裡也要多留意。

材料 ℓ

M 西班牙短纖維白色基底羊毛	M 245 駝色羊毛
M 黑色短纖維羊毛	M 268 混棕色羊毛
M 134 深咖啡色羊毛	M 272 粉紫色羊毛
M 213 淺粉色羊毛	H 804 茶褐色羊毛
M 242 淺米色羊毛	7.5mm 黑豆眼 1 對

* M 表示可購自瑪琪羊毛氈，數字為該商店的販售編號
* H 表示為日本 Hamanaka 系列羊毛，數字為此品牌的通用編號

* 花栗鼠頭部版型 *

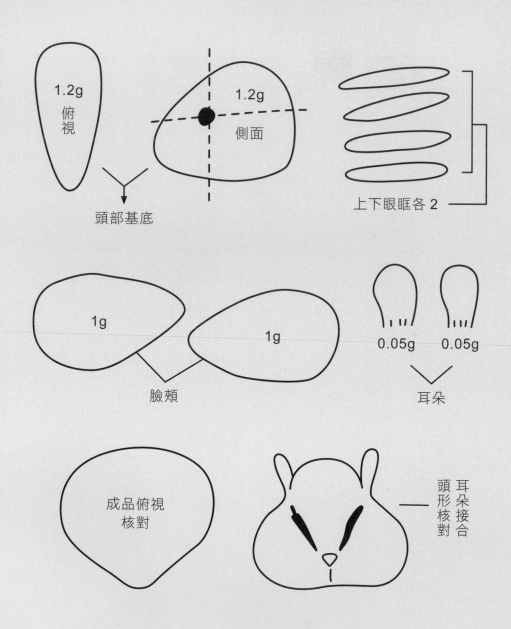

1.2g
俯視

1.2g
側面

上下眼眶各 2

頭部基底

1g

1g

臉頰

0.05g   0.05g

耳朵

成品俯視
核對

耳朵接合
頭形核對

How To Make ✎

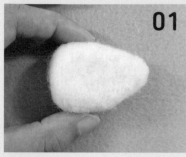

01

使用白色基底羊毛,製作一個厚度約 1.5cm 的扁三角形當成臉部基底。

02

俯視時,一端是厚的,另一端是偏尖的(當成放置花栗鼠的嘴鼻處)。

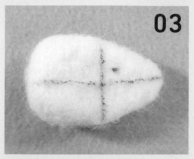

03

在臉部兩面用記號筆畫十字線,並在右上區靠近中央處點上一小點,預備放置眼睛。

04

用剪刀在剛才畫出的點上,剪一個放眼睛的洞。

05

使用保麗龍膠塗在 7.5mm 黑豆眼根部,插入剛剛剪出的洞。

06

這是放好單側黑豆眼的樣子。

07

左右側都放好黑豆眼後,請俯視檢查,確保兩眼的位置對稱。

08

接著製作兩片腮幫子,預備放在眼珠下面的記號區。

POINT 做得肥厚些會更可愛哦!

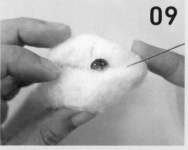

09

將腮幫子周圍沿著眼珠下方戳刺固定,中間保留一些蓬鬆度,不要戳到扁掉囉。

這是俯視接好腮幫子的樣子。
鼓勵越胖越可愛！

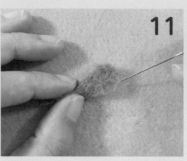

接著準備製作耳朵，使用茶褐色羊毛戳出薄片狀，並把戳針打斜地去修飾出圓邊。

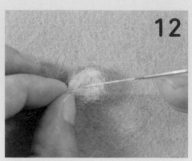

耳朵裡面再鋪上薄薄的淺粉色羊毛。

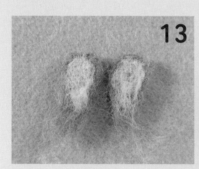

耳朵完成的樣子。

將耳朵淺粉色那面朝外、距離眼珠約 1cm，戳刺固定在眼珠斜後方。

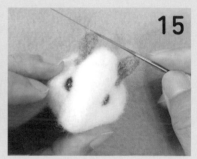

兩邊耳朵固定好後，從正面確認耳朵高度是否一致。

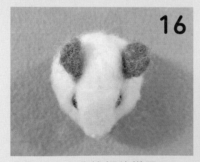

這是俯視耳朵接好的樣子。

接著在兩眼中央處開始鋪茶褐色羊毛，鋪至頭頂及鼻尖（如圖示呈一個長三角形）。

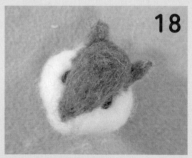

這是俯視鋪好毛的樣子。建議至少鋪兩層比較飽和。

接著在眼睛下方記號區域鋪毛，一樣使用茶褐色羊毛。

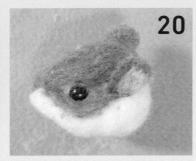

沿著眼睛鋪好毛後的樣子。

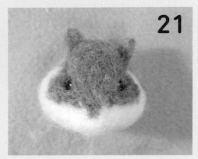

兩邊都鋪好毛後，正面的樣子。

接下來準備製作兩條白色的上眼皮，戳細細的放在眼珠上面。

使用細針將白色上眼皮貼著眼睛，輕輕修飾出杏仁形。

下眼皮重複同樣的包覆方式。

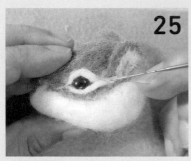

下眼線會稍微往後拉長一點。

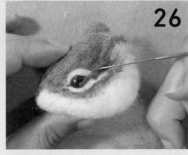

使用深咖啡色羊毛在上眼皮末端戳出尾線。

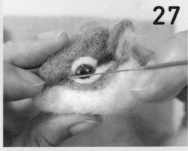

上下眼皮前端交會處也要補拉深咖啡色線。

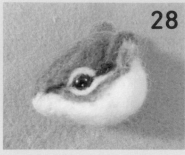

前後拉好深咖啡色線的樣子。

接著將上眼皮前端補拉長白線，延伸到鼻尖。

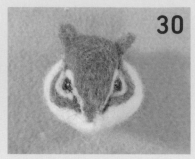

延伸後的樣子。

接著在鼻尖處做記號，將粉紫色羊毛揉成偏倒梯形，戳上去當鼻子。

花栗鼠鼻子上面通常有一個深咖啡色的小圓點（使用咖啡色羊毛）。

加上點後的樣子。

接著使用深咖啡色羊毛，揉轉成細線，準備當成嘴部線。

按照畫好的記號線，將深咖啡色細線戳上去。

這是戳好嘴部線的樣子。

37

鼻子兩側也鋪上一點揉細的混棕色羊毛（類似將鼻子框起來的感覺）。

38

這是鼻子兩側鋪完混棕色細線的樣子。

39

接著準備將臉頰上色。上色之前務必確認腮幫子的肥胖度，若不足可以補強。

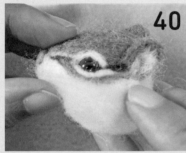

40

在左右臉頰都先鋪上大面積的淺米色羊毛。

41

靠眼睛處則以小面積、少量鋪上駝色羊毛。

42

側面鋪好的樣子。

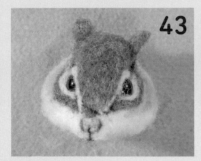

43

正面看起來的樣子。

44

最後剩下後腦勺鋪色（使用茶褐色羊毛）。

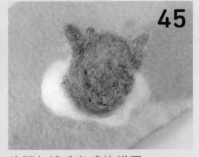

45

後腦勺鋪毛完成的樣子。

46

花栗鼠也就大功告成囉！

=PART=

2

骨架製作

貓咪的靈活姿態與
體型變化基礎

CAT

貓咪的
多變姿態

貓咪的脊椎與腹部相較於狗狗擁有更多的柔軟度與延展性，因此往往能做出讓我們意想不到的動作。尤其身形也跟狗狗截然不同，狗狗往往有著厚實的胸膛，腰的部分相對較細（除非狗狗過胖就另當別論）；反之，貓咪坐著的時候通常是「梨形身材」。

在這個章節中會先教大家貓咪骨架的打底，骨架基本上分為「成貓」與「幼貓」兩種，製作原理相同，因此本章節會以幼貓做示範，再附上兩者的版型，提供大家練習。接著會教大家如何將基本骨架再凹折成四種貓咪常見的姿勢與動作，讓大家更理解貓咪的樣態唷！

初步骨架的製作流程 以幼貓示範

● 通常幼貓使用比較細的 #22 號鐵絲，成貓使用較粗硬的 #20 號鐵絲（鐵絲號碼越大表示越細）。

● 大致流程：**折鐵絲** → **纏繞毛根** → **裹上羊毛** → **彎折出 骨骼形狀**（前腳三折、後腿四折）→ **製作胸腔腹部夾心**

材料

白鐵絲　　毛根　　白色基底羊毛

How To Make

以關鍵字「Cat skeleton」在網路搜尋貓咪的骨骼圖，要可以清楚看到關節點的圖片才方便使用，再將找好的圖在電腦上縮放至合適的大小後描繪下來。

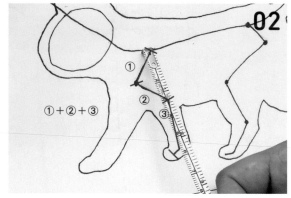

量出前腳每一段骨骼的長度並加總（前腳分為三段）。

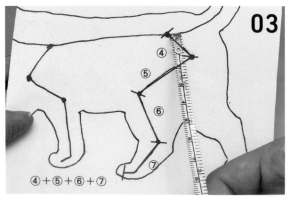

量出後腿每一段骨骼的長度並加總（後腿共四段）。

POINT 我通常會給學生一個口訣：「前三後四」，來避免折骨架時彎曲錯誤。

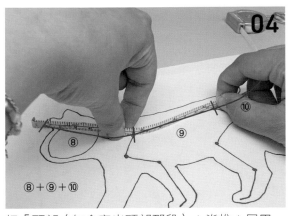

把「頸部（包含穿出頭部那段）＋脊椎＋尾巴」的總長也加起來。

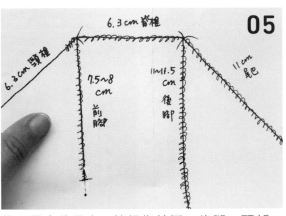

依照量出的長度，請想像前腳、後腿、頸部、脊椎、尾巴都被拉直的樣子，將其繪製成圖。再根據骨骼圖，裁剪三條鐵絲（參考 p.40）。

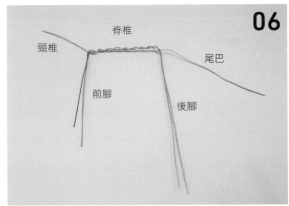

使用鐵線折出如骨骼圖的形狀。先將第一、二條鐵絲纏繞在一起，形成∏狀，再用另一條鐵絲充當頸部至尾巴的部分。所有重疊處都在脊椎段。

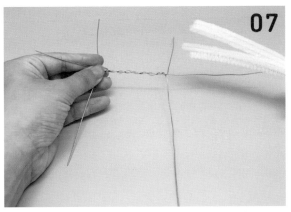

接著將鐵絲打開（想像將青蛙肚皮朝上打開四肢的樣子）。

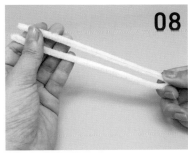

使用毛根準備纏繞，我通常會先對折。

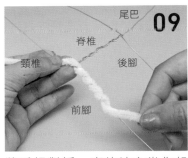

將毛根對折一半的地方當作起始點，纏繞在前腳的一邊。

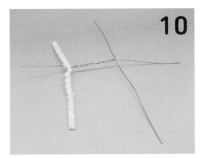

另一半毛根則纏繞前腳的另一邊。這是前腳繞好的樣子。

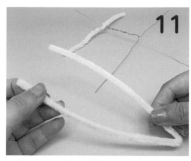

再取另一條毛根，重複對折的
動作。

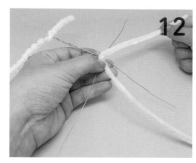

從毛根對折的一半開始分兩邊
纏繞後腿。

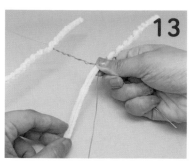

重複纏繞的動作。

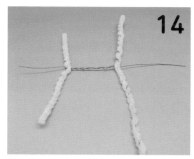

前腳與後腿纏繞好的樣子。

脊椎　　　尾巴

取出第三條毛根，開始從頸椎
的末段纏繞。

接續纏繞脊椎。

最後纏繞尾巴。

所有鐵絲上都纏繞好毛根之
後，使用白色基底羊毛緊緊地
裹在毛根上。

POINT 這邊重點是斜斜的繞羊毛，
才不會變得像米其林寶寶。

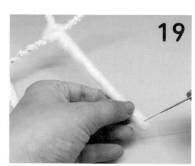

再用戳針固定末端收尾。

扣除頸椎前段，其他部分都要纏繞上白色基底羊毛。

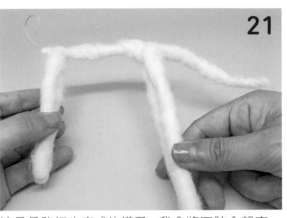

這是骨骼初步完成的樣子，我會將四肢合起來。

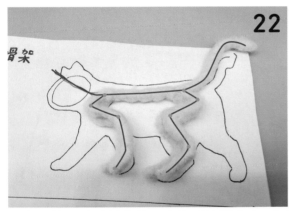

確實沿著關節點折出前腳與後腿的彎曲度，再以此形狀為基礎，做出各種姿勢的變化。

最後再製作一個約 3.5g 的胸腔／腹部夾心備用，就可以進入下一階段，做出貓咪的各種姿勢（本次以幼貓做示範，成貓的骨骼圖與腹部夾心大小詳見 p.42）。

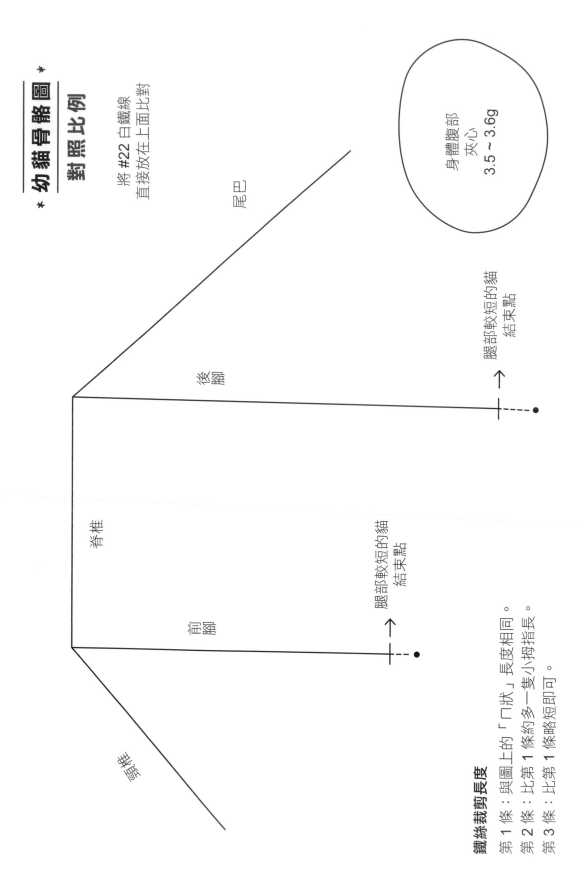

＊ 幼 貓 骨 骼 圖 ＊

對 照 比 例

將 #22 白鐵線
直接放在上面比對

身體腹部
夾心
3.5～3.6g

尾巴

後腳

腿部較短的貓
結束點

脊椎

前腳

腿部較短的貓
結束點

頸椎

鐵絲裁剪長度
第 1 條：與圖上的「ㄇ狀」長度相同。
第 2 條：比第 1 條約多一隻小拇指長。
第 3 條：比第 1 條略短即可。

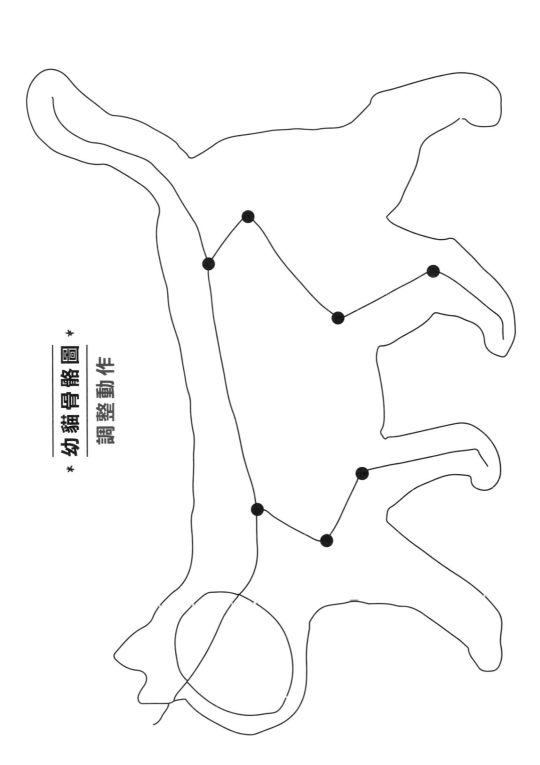

幼貓骨骼圖 *
* 調整動作

✱ 成貓骨骼圖 ✱
對照比例

將 #20 白鐵線
直接放在上面比對

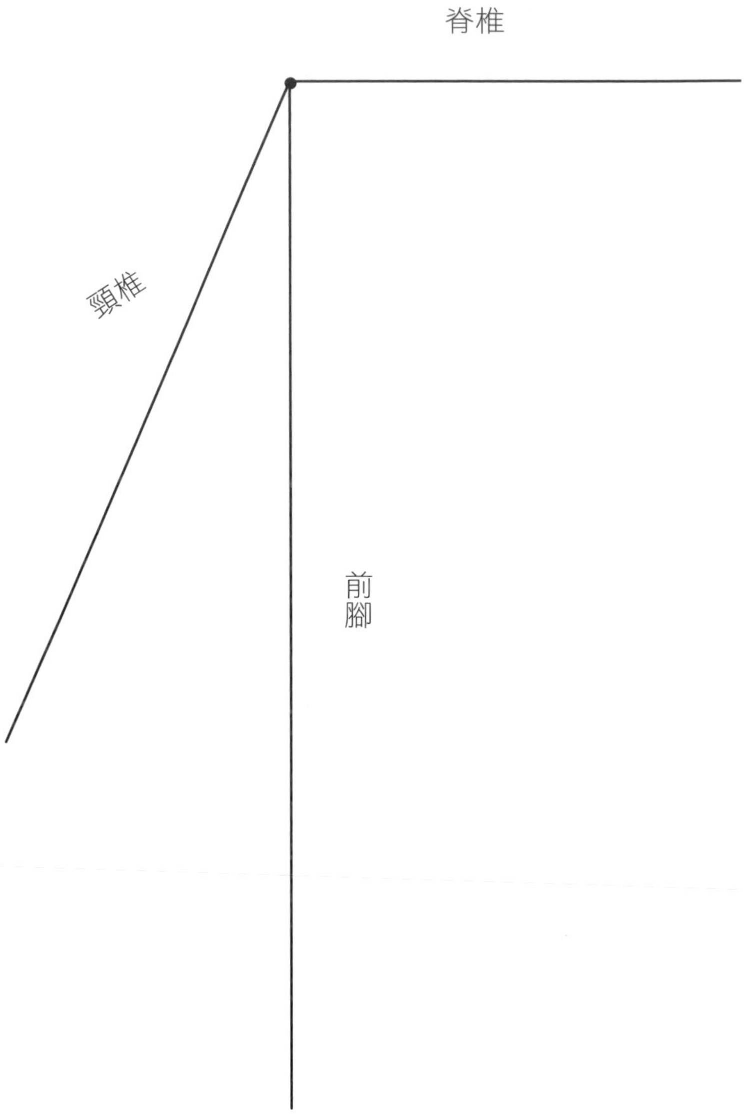

脊椎

頸椎

前
腳

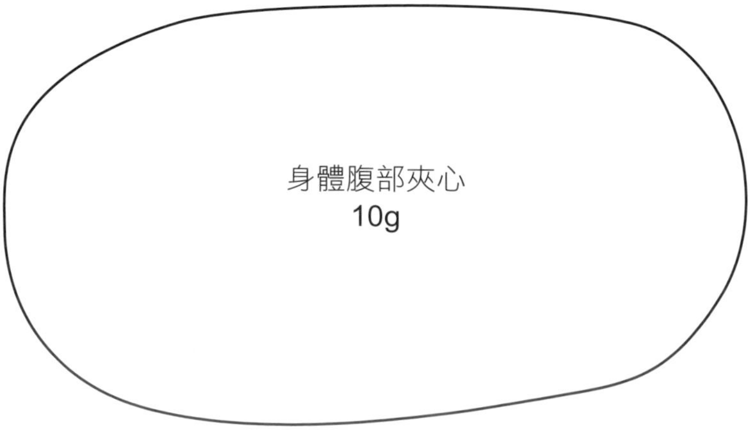

身體腹部夾心
10g

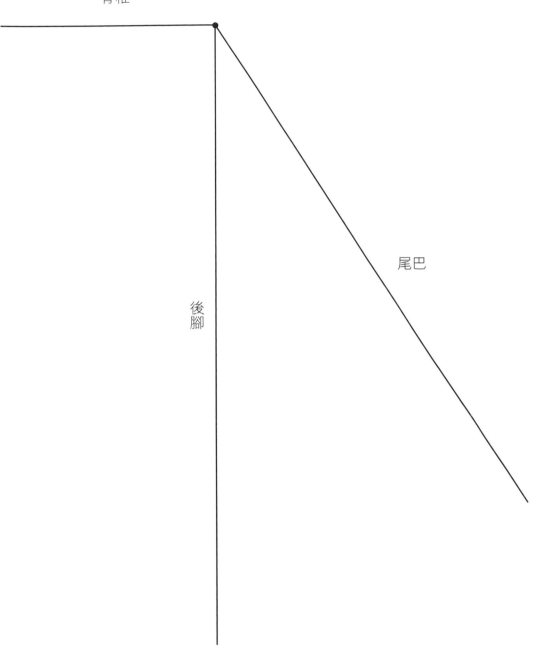

脊椎

尾巴

後腳

* 成貓骨骼圖 *
調整動作

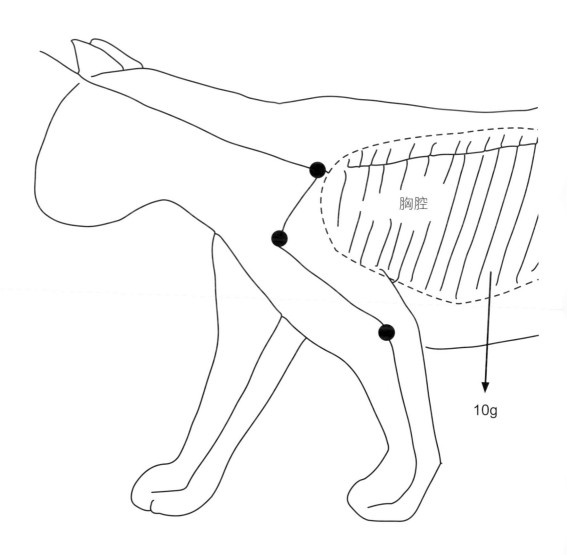

胸腔

10g

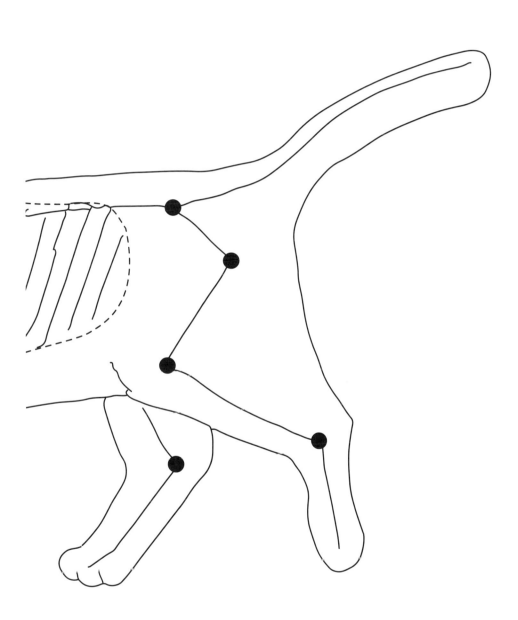

不同姿勢
與動作的做法 以幼貓示範

● 在完成初步骨架之後（見 p.39 圖 22，這是所有骨架彎曲前的預備樣子），
製作貓咪身體（即長肉階段）時，我自己有一套很有效率的 SOP，提供大
家參考：

折好姿勢 → 夾上腹部夾心 → 補手臂、後腿肌肉 → 補銜接處肌肉 → 補胸口

● 根據教學經驗，同學們最常出現的問題在「上手臂」，腋下沒有貼緊身體，
這點務必要注意。此外，上臂肌肉也容易填得太壯，貓咪的肌肉形狀應該是
偏「片狀」。

● 脊椎若遇到必須彎曲的時候，就請大膽的彎曲吧！

《 地板翻肚 》

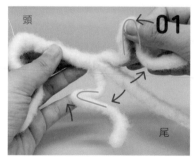

將兩邊的後腿第二節與第三節
推擠，並將雙腿打開。

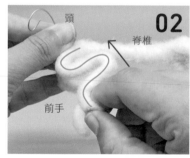

將兩邊的前手折成近 S 形。

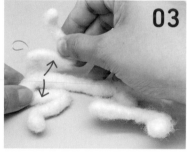

折好後，將前手也打開，但是
靠肩膀胸骨處不要打太開。

將脊椎中段往右側或左側推擠
（看起來會有更自然的貓咪動
態）。

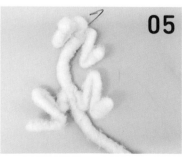

地板翻肚的骨骼姿勢完成。

將腹部夾心從中間剪開，感覺
就像大亨堡那樣（剪得深度不
超過 1/2）。

戳刺固定到脊椎上。

POINT 不要為了讓夾心完全包覆脊椎而太往上提，否則會容易形成駝背哦！

緊貼身體

補前手臂的肌肉（這邊為了方便辨識以粉紅色羊毛呈現，若自行練習，以白色羊毛補肌肉即可）。

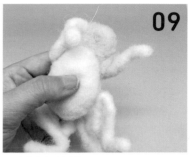

單側補好的樣子。

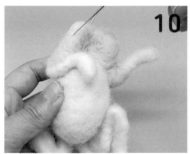

另一側手臂也是以同樣方式填補肌肉。

POINT 注意不要補得太厚，會變成有如一隻會打架的袋鼠。

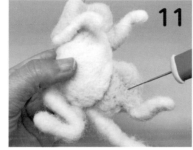

填補後腿肌肉（內側、外側都要覆蓋到）。通常填補原則是只剩下骨骼的最後一節露出。

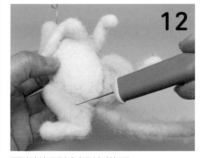

兩側後腿補好的樣子。

接著將前手臂中間的凹縫也填起來。

POINT 此時可以檢查雙手臂腋下是否有貼緊身體兩側。

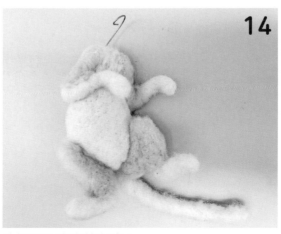

地板翻肚的姿勢完成！

《 **母雞蹲** 》 * 起始骨架請參考 p.39 圖 22

先將後腿骨末三節往上擠。

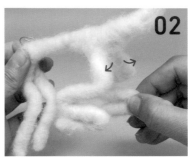

另一側後腿也是。兩邊都折好後，將雙後腿前後分開。

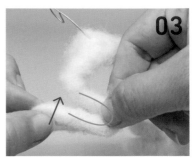

換折前腳，將末兩節骨骼往後收，並推擠在一起。

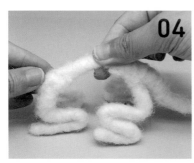

將脊椎中段彎曲，做出拱背。

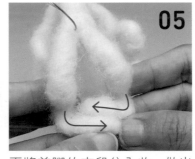

再將前腳的末段往內收，做出貓咪常見的「折手」動作。

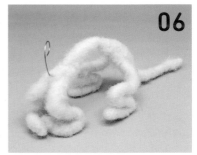

整體的母雞蹲骨骼姿態完成。

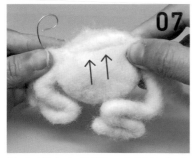

將腹部夾心剪開，由下往上夾住脊椎，並戳刺固定。

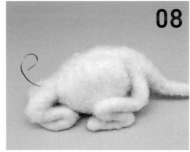

腹部夾心固定好的樣子。

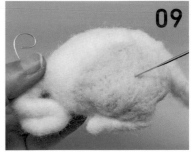

接下來補後腿肌肉（這邊為了方便辨識以粉紅色羊毛呈現，若自行練習，以白色羊毛補肌肉即可）。

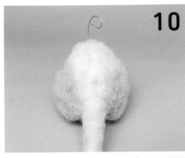

兩側後腿補好後，從背面看過去的樣子。

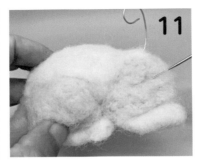

換補前手臂肌肉。

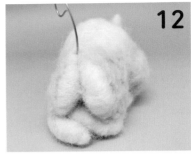

兩側補好的樣子。

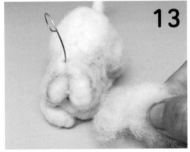

將前胸凹縫處使用白色基底羊毛填滿。

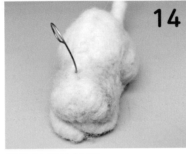

前胸填好的樣子。

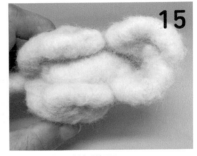

翻到底部看的樣子。

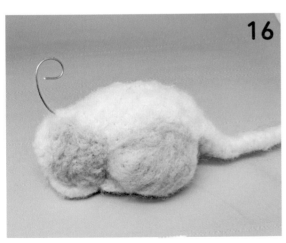

母雞蹲的姿勢完成！

《 生無可戀大叔坐姿 》 * 起始骨架請參考 p.39 圖 22

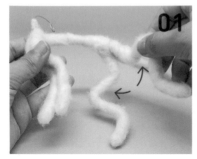

先將後腿兩側打開。

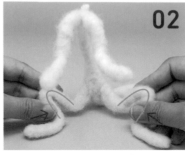

將後腿的中間兩段推擠一起。

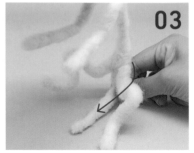

再將尾巴穿過後腿的中間。

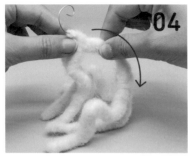

將脊椎中段折出駝背感。

將兩隻前手臂往內收,掌面感覺要貼到地板。

大叔坐姿骨骼折好的樣子。

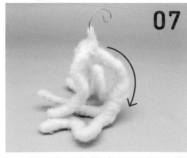

從側面看,脊椎會很明顯的彎曲,要夠駝背、手掌才能碰到地板。

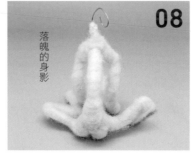

背面看過去的樣子。

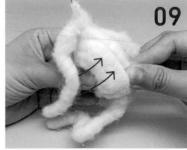

將腹部夾心剪開,以直立的方式由前往後夾住脊椎,並戳刺固定。

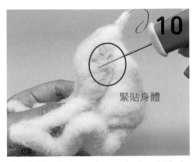

緊貼身體

填補前手臂肌肉，注意手臂在腋下處要緊貼身體（這邊為了方便辨識以粉紅色羊毛呈現，若自行練習，以白色羊毛補肌肉即可）。

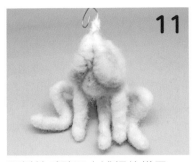

兩側前手臂肌肉補好的樣子。

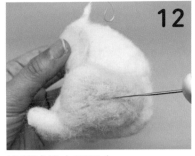

接著補後大腿肌肉。

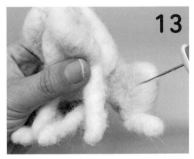

內側也要填補。

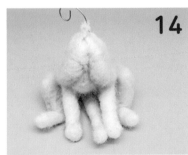

雙腿補好後，從正面看起來的樣子。

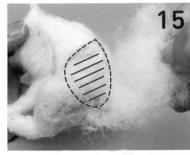

接著在大腿與身體之間補毛做銜接（綠色記號範圍）。

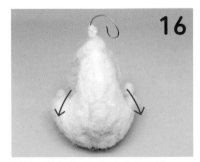

將身體補成梨子形（背影）。

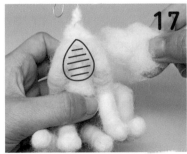

雙臂間的凹縫亦要填平，注意不要填太多導致胸口變太寬。

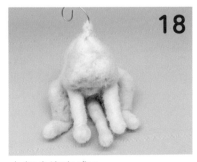

大叔坐姿完成！

《 撲蝴蝶 》 * 起始骨架請參考 p.39 圖 22

先將兩邊後腿的第二節與第三
節擠壓。

再將後腿略微打開。

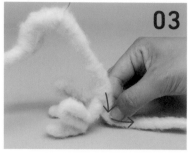

將尾巴折出一節能碰到地板
（支撐）的彎度。

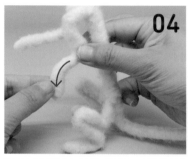

將前手手肘處往後拉，手部第
三節與第四節自然垂下。

再將另一隻前手的第三節往上
舉高。

抓蝴蝶骨骼姿勢完成（從側面
看的樣子）。

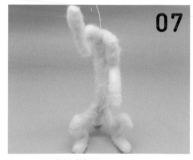

從正面看的樣子。

背面看過去的樣子。

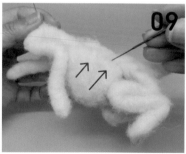

將腹腔夾心剪開並夾住脊椎中
段，戳刺固定。

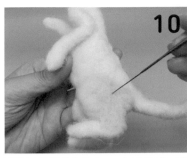

開始補後腿肌肉。（這邊為了方便辨識以粉紅色羊毛呈現，若自行練習，以白色羊毛補肌肉即可）。

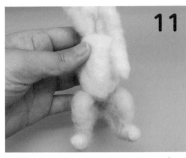

兩側後腿肌肉補完的樣子（注意內側也都要補毛）。

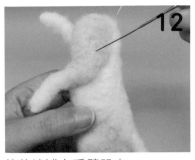

接著填補上手臂肌肉。

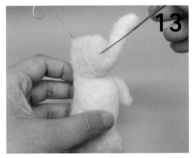

另一側抬高的手也需要填補上肌肉。

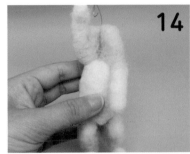

雙手臂補好的樣子。

在後腿中間也塞入一些羊毛。

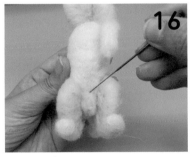

補好的樣子。

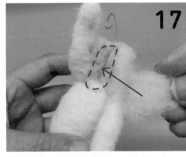

前胸的凹槽也塞入一些羊毛。

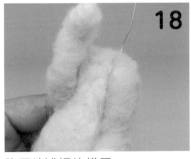

胸口填補好的樣子。

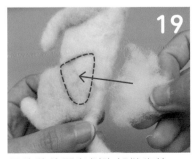

最後將後腿與側腹部做銜接。

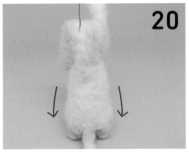

身體兩側補順的樣子（下盤會微微寬一些）。

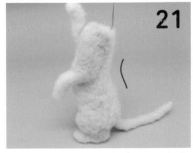

撲蝴蝶的姿勢完成（背部會有一個曲線哦）！

= PART =

3

植毛技巧

讓貓咪栩栩如生的
關鍵技法

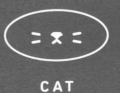

CAT

混出接近真實的
貓咪毛色

無論是貓咪還是狗狗，大自然中的動物很少是單一的毛色，所以如果想要做得更像真的，就會需要混合幾種不同的羊毛。混毛可以用手，也可以利用梳毛板。如果只是小範圍的局部混毛，直接用手會比較快速。

《 徒手混毛 》

將不同顏色的羊毛條平行擺放，以一手朝上、一手朝下的方式握在手中後，橫向撕拉開來再重疊，持續反覆相同動作，不同顏色的羊毛就會融在一起。訣竅是將不同色羊毛條疊放一起撕拉時，雙手須距離至少一個拳頭，**力道務必輕柔才不會扯斷纖維。**

距離一個拳頭

《 使用梳毛板混毛 》

將想混的顏色羊毛交錯放置在其中一片梳毛板上，再用兩支梳毛板來回對刷直至均勻。示範使用的這組產品是 Ashford-108 PPSI Handcards。

基礎的植毛方式

接著要介紹的是植毛的基本手法，除了毛量多寡，也會根據毛流、
效果來選擇。植毛時不要急躁，才能植出自然蓬鬆的樣子。

《 片狀對折 》

作法：將羊毛攤開成片
狀，用戳針從中間位置橫
向戳刺在基底上，再對折
固定。每排之間的距離約
0.2-0.3cm，以同樣方式
反覆進行。

特色：這是我最常用的方
式，植毛速度比較快，但
是需留意將羊毛攤開時，
就要排列好毛流的方向。

適用範圍：貓的**臉部**、**身
體**等。

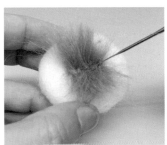

《 片狀薄貼 》

作法：將羊毛攤開放在
基底上，只戳刺固定一
端，接下來就換下一排，
每排之間的距離約 0.2-
0.3cm。

特色：表面看起來有毛
感，但是薄到緊貼著皮膚
的感覺。

適用範圍：貓的**後大腿內
側**或是**下腹部**。

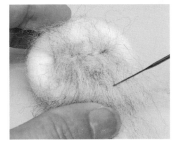

《 束狀對折 》

作法：將羊毛少量揉轉成
一小束後，從中間位置戳
刺在基底上，以「單點」
方式對折固定。

特色：植毛的量少。

適用範圍：比較細的貓
咪**尾巴**或是虎斑貓**背部中
線**。這些部位的共同性是
「**直向＋密集整齊排列＋
紋路偏細**」。

順應毛流方向的
植毛順序

仔細觀察動物，就會發現牠們的毛髮在不同部位
的方向，有著細微的差異。因此動物羊毛氈在植
毛時，也不會是從上到下一次植完。除了每隻動
物的花色、特徵可能有的差異外，整體來說，植
毛時會依照毛流的方向，分成幾個大區域依序植
入羊毛，才能做出自然真實的毛感。

《 頭部（正面）》

先將整張臉大致區分為上半部以及下半部。上半部又可以分為左、右、中央區域。毛流分別如圖示。植毛順序通常是**由後往前**，除非是毛很爆的類型，植毛順序才會由前往後，製造出毛髮向前衝的效果。

* 紅色箭頭為「順序」方向；藍色箭頭為「毛流」方向。

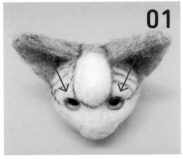
01

從頭部兩側開始植毛，順序為由後往前。

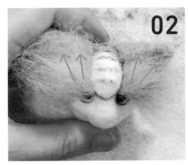
02

毛流為各自朝斜左外以及右外方向。

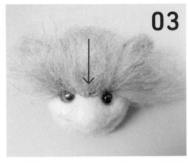
03

接著植頭頂正中央區。依照動物的毛髮質地，決定由後往前或由前往後植毛。想要頭頂毛髮服貼，建議由後往前植毛；如果想要毛髮蓬鬆則由前往後。

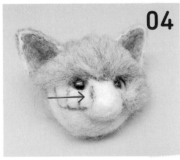
04

然後開始植顴骨區。顴骨區使用的毛量建議比頭頂區域少一半，由外側往內植毛。

05

顴骨區的毛流方向為水平橫向（或微微斜上）朝外。

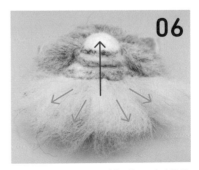
06

最後進行下巴區植毛。大部分短毛動物都是由後方（或下方）往嘴部方向植毛，但若是毛絨絨的動物，則建議由前往後的順序。毛流擺放方向皆為放射狀。

《 後腦勺 》

後腦勺的植毛順序大多**由上往下**，放射狀（或環狀）植毛。
這裡要注意有沒有跟臉部正面的毛銜接好。

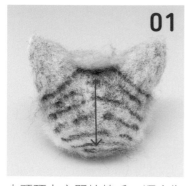

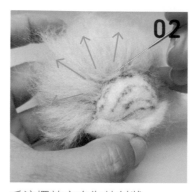

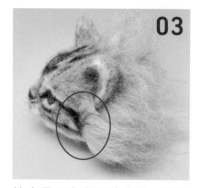

由頭頂上方開始植毛，順序為
由上往下。

毛流擺放方向為放射狀。

檢查是否有與正臉銜接，不能
有縫隙。

《 軀幹 》

動物軀幹的植毛順序，大原則是：**由下往上**（多為坐
姿，如下圖）、**由後往前**（多為站姿，參考影片示範），
毛流方向呈微微的放射狀。

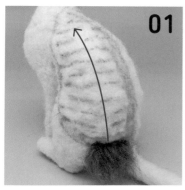

先區分出背部範圍，由身體下
方往頸部方向植毛。

毛流擺放方向是朝下的放射狀
（放射幅度不大）。

植到頸部以及前腳的交界處即
停止。

《 四肢 》

動物的四肢在植毛時，基本上都是**由下往上**。因為四肢的毛會修短，所以每一層的毛量控制得少一點，盡可能植得密實，修短後才不容易出現漏洞（很容易像圓形禿一樣明顯）。

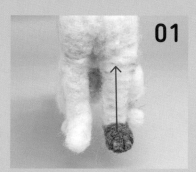

植毛順序為由下往上。

毛流方向會順著腿的骨骼方向朝下。

植到跟軀幹剛好銜接為止。

《 尾巴 》

八字形植毛法

一左一右（朝斜外側）、由下往上植，通常用在尾巴毛量蓬鬆、
炸開如奶瓶刷的動物，例如：布偶貓、松鼠。

由尾巴根部開始，將一束毛朝
斜下外側固定（虛線處為戳刺
固定點）。

接著取一束毛，壓在第一束毛
上，毛流方向與上一束呈現
「入」的交疊，毛流方向如圖
示朝另一側。

重複步驟一作法，持續朝上植
毛，第三束毛會壓在第二束毛
上，毛流亦回到步驟一方向。

持續往上疊加，重複步驟二的方向。接著重覆
此規律去植滿整條尾巴，再翻到背面以同樣方
式植毛。

環狀小束植毛法

最常用在尾巴細細的動物身上，如一般的短毛貓。作法為將羊毛以一小束一小束的放射狀、由下往上植。正面植完換背面。

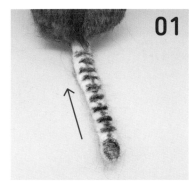
01

植毛順序為由後往前。

02

取小束毛繞著尾巴環狀植毛。

03

植到與身體背部接合。

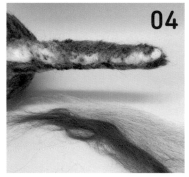
04

翻到尾巴背面，採取同樣方式植毛。

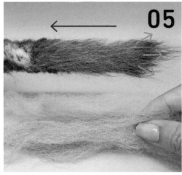
05

紅色箭頭為植毛順序，藍色箭頭為毛流方向。

06

植好的樣子。

=PART=

4

實作篇

不同體型、長短毛的
擬真貓咪羊毛氈

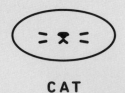

CAT

戳出生動神韻的
喵星人

貓咪相較於狗狗的製作上，我認為更需要經驗的累積。因為貓咪不像狗狗有著明顯突出的嘴管，反之，貓咪臉部的高低起伏不是很強烈，但細節又很多，會讓我們很難透過平面照片去臆測 3D 立體結構（例如顴骨高低、鼻樑弧度等等）。在教學的生涯裡，我經常見到學生做貓咪時，一不小心就會做得很像「咕嚕（魔戒裡的一個角色）」。這次會挑選五種貓咪教學，包含長毛的布偶貓與金吉拉貓、短毛的英國短毛貓與美國短毛貓，以及白底虎斑貓，希望大家能夠對不同類型的貓咪製作有一定的了解。

Let's Start
!!

《 貓咪製作重點 》

① 留意貓咪臉部的側面輪廓，尤其鼻樑的長短、弧度也會隨著不同品種的貓咪有所區別。專注這些五官的細節差異，能夠讓表情更生動。

② 觀察貓咪的身體曲線，注意在折骨架時，由於貓咪的脊椎非常柔軟，所以像是要呈現坐姿時，背部可以強調出如圖示般大大的弧形（相較之下，狗狗坐著時通常脊椎會打比較直）。

③ 注意貓咪的身形是屬於「梨形身材」，也就是說，從背影看會是「上窄下寬」，這點跟狗狗是不太一樣的喔！

貓咪羊毛氈常見的問題

因為貓咪的神韻，往往都是透過五官的些微差異來調整。所以在貓咪羊毛氈的課堂上，學生最常説的就是：「總覺得看起來怪怪的，但是又看不出來要改哪裡？」像這種時候，我會建議從幾個面向去檢查調整：

❀ 眼距太開

這個情形通常是鼻樑製作太寬造成，連帶作品就會看起來有「老虎感」。我通常一開始就會建議放眼珠時刻意放靠近一點，避免這個問題。

❀ 上下眼皮包覆是否完整

有些貓咪的作品，因為上下眼皮交疊或包覆不足，會導致眼睛呈現凶神惡煞感。這點需要反覆練習眼皮包覆的角度，才能精準拿捏眼神的變化。

❀ 眼珠凹陷

「眼珠凹陷」也是另一個貓咪眼神不太對的常見原因，此時我會用錐子從貓咪的兩側太陽穴附近伸進去，把眼珠往上提，效果就會差很多。

❀ 嘴球過大

若補嘴球時羊毛用量過多，嘴球就會太大，感覺卡通感很重（甜甜圈波堤獅），連帶也會讓貓咪的「人中」看起來很長。

❀ 下嘴皮後縮

如果製作下嘴皮的時候，羊毛用量太少，或是戳上去的時候入針角度不對（下嘴皮通常是由下往上戳，但很多同學常不小心從正上方入針），就會有下顎越來越後退的問題！這時候我會用錐子把下嘴皮盡可能往前拉出來，使之咬合正確。

❀ 植完毛怪怪的

大部分同學面臨最大的問題，就是植完毛剪不夠短。通常是因為對貓咪的骨骼輪廓不夠了解、害怕剪壞。我鼓勵大家可以試著把頭頂、下巴都貼著基底輪廓剪，這真的需要多練習，才能克服剪毛的心理障礙！

❀ 調不出想要的貓咪顏色

貓咪花色多樣，但大致上區分為橘黃色系、虎斑色系、灰色系，其中又有深淺的差異。一開始對色彩比較沒有概念的同學，建議先從本書已經搭配好的毛色、花紋色模擬練習並且熟記。之後更要多嘗試「混色」並記下比例，培養色感。

頭部基底的製作流程 —— 成貓

這裡先教大家成貓頭部打底的基本做法，也就是形塑出包含眼睛、鼻樑、顴骨等部位的立體頭型，而在後面各篇的貓咪教學中，會再接續說明製作細節。大家不妨先練習看看，戳出一個結實又有彈性的基底喔！

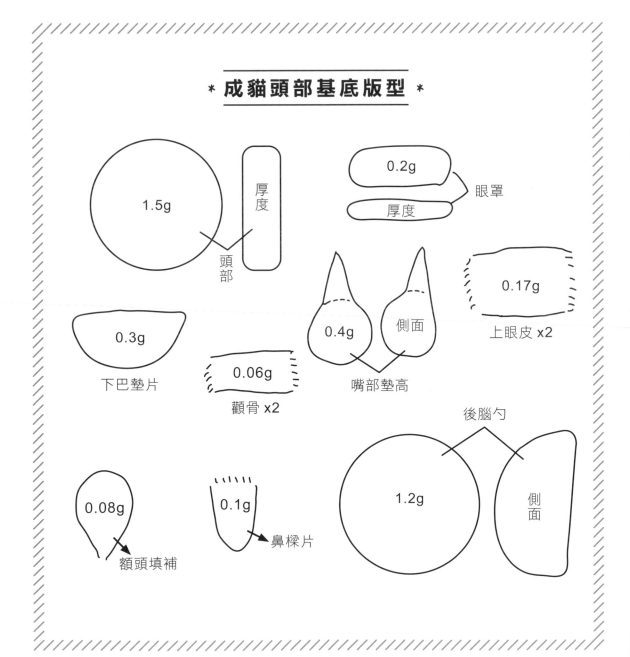

* 成貓頭部基底版型 *

1.5g　厚度

頭部

0.2g　眼罩

厚度

0.3g　下巴墊片

0.4g　側面　嘴部墊高

0.06g　顴骨 x2

0.17g　上眼皮 x2

0.08g　額頭填補

0.1g　鼻樑片

1.2g　後腦勺　側面

材料 ✒

西班牙短纖維白色基底羊毛
10mm玻璃眼珠

How To Make ✒

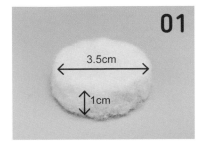

01

3.5cm
1cm

使用白色基底羊毛，製作一個
直徑約3.5-3.7cm、厚度約1cm
的圓餅底座。

02

正中間畫一個十字形記號線，
再將橫線分四等分，在預計擺
放眼睛的位置做記號。

POINT 兩顆眼珠可以比交叉處往
中間靠0.1cm，使其更集中。

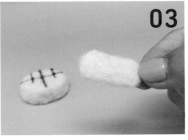

03

接著製作一塊長度約2.7cm、
厚度約0.5cm的眼罩。

04

這塊眼罩會橫向墊在眼珠位置
上，讓眼珠平面抬高，預防眼
珠隨著戳刺過程而凹陷。

05

均勻地戳刺固定上去，力道不
要太大。

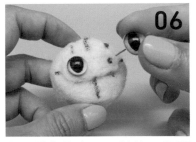

06

在眼罩上剪出洞，並使用保麗
龍膠將10mm玻璃眼珠黏進去。

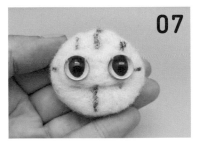

07

這是眼珠黏好的樣子。

08

製作一片口袋型的下巴墊片，
可以有0.5cm的厚度。

09

將下巴墊片固定上去（先沿著
周圍戳刺，中間部分輕戳），
這是固定好的樣子。

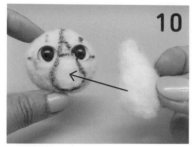

製作一個水滴型嘴部墊高球，水滴型的下半部要圓潤、胖。

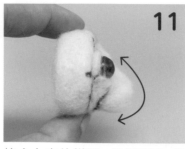

接合上去的樣子。從側面看，眼珠底下要有嘴部隆起的感覺。

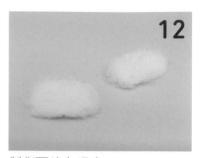

製作兩片上眼皮。

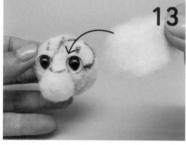

準備將它貼合在頭部的左右側（會覆蓋到眼珠上半部，碰到水滴型嘴部的中段）。

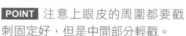

這是覆蓋好單側的樣子。這邊會大幅地遮蔽到眼珠。

POINT 注意上眼皮的周圍都要戳刺固定好，但是中間部分輕戳。

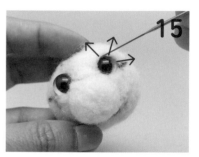

用戳針開始小心地沿著眼珠上緣推開，呈現一個弧度。

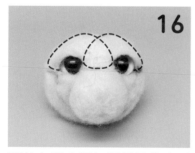

兩片上眼皮添加好並且推出弧度的樣子。

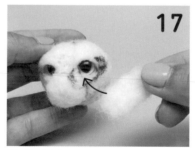

接著準備添加顴骨，感覺有點朝斜上方（拉提感），一端碰到嘴部、中段會覆蓋到眼珠下半部，再帶到太陽穴附近。

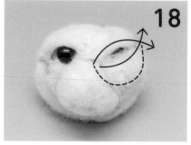

這是填補好的樣子，眼睛很像被上下夾住。

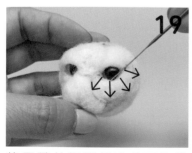

使用戳針把顴骨沿著下緣推開，呈現杏仁形。

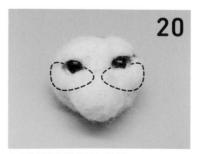

兩邊顴骨推開的樣子。

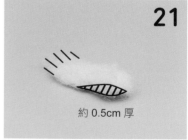

製作一條長度約2-2.3cm、厚度約0.3-0.5cm的鼻樑，其中一端留活毛。

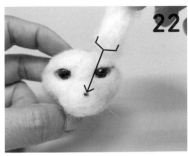

鼻尖處會落在嘴部中間（圖示黑點處）。

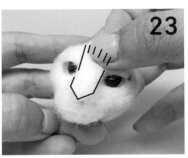

將鼻樑以鼻尖處為主，放在兩眼中間戳刺固定，活毛朝上。

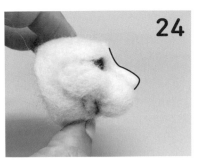

戳刺時注意側面要有一個曲線，並先以戳刺周圍為主（先形塑外輪廓），不要一開始就把鼻樑邊固定邊戳扁。

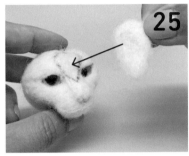

接著製作一片紮實的倒水滴型（額頭填補），放兩眼中間，介在頭頂與鼻樑中段處。

接合上去後，會有一個隆起的模樣。

製作一個半圓球形的後腦勺。

將半圓球戳刺固定在圓餅底座的背面。

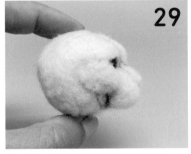

完成之後會呈現圓潤的頭型。

POINT 如果摸起來還是軟的，可以慢慢補羊毛上去，讓整個後腦勺更加紮實。

頭部基底的製作流程 —— 幼貓

幼貓的頭部打底過程，雖然看似與成貓相似，但其實牠們的五官相對位置、
形狀、大小等臉部特徵都很不一樣喔！

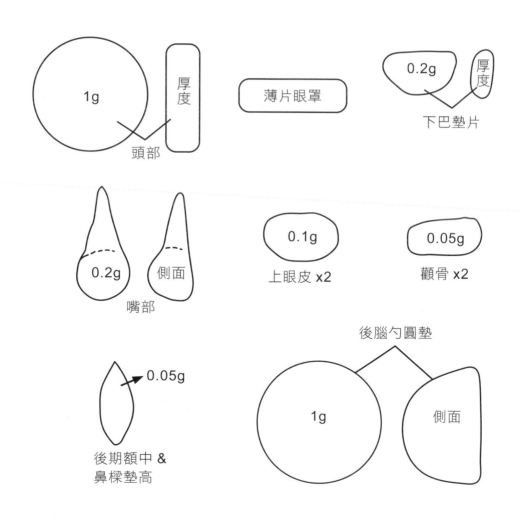

* 幼貓頭部基底版型 *

1g 厚度 頭部

薄片眼罩

0.2g 厚度 下巴墊片

0.2g 側面 嘴部

0.1g 上眼皮 x2

0.05g 顴骨 x2

0.05g 後期額中 & 鼻樑墊高

後腦勺圓墊

1g 側面

材料 ⨒

西班牙短纖維白色基底羊毛
8mm玻璃眼珠

How To Make ⨒

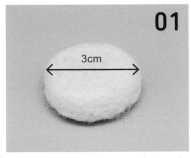

使用白色基底羊毛,製作一個
直徑約3cm的圓餅底座。
POINT 底座如果不紮實,容易導
致放上眼珠後,左右眼高低不平。

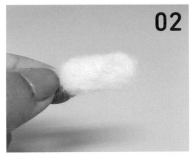

製作一片長度約2.5cm、寬約
1.2cm的薄片眼罩(用來將眼
珠墊高)。

接著將圓餅底座畫上正十字線
定位。

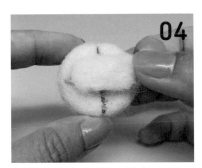

將剛才製作好的眼罩放在正中
央處,從周圍戳刺固定上去。

使用記號筆將正十字的橫線點
出四等分,圖中的兩個黑色圓
點要用美容小剪刀剪出兩個
洞,預備放上眼珠。

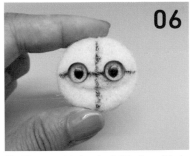

使用8mm綠色玻璃眼珠,塗上
保麗龍膠插入洞內。(越小的
幼貓眼珠會是灰藍色)

製作一片口袋型下巴墊片。

POINT 雖然是薄片，但摸起來需有紮實感。

將薄片固定在圓餅底座下半部，會稍微蓋到一點眼珠，主要戳刺周圍即可。

POINT 注意口袋形狀的中間要保留一點蓬鬆度。

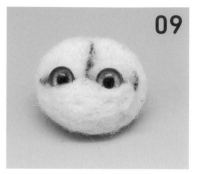

口袋型薄片固定好的樣子。

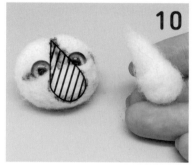

製作一個水滴型的嘴部。

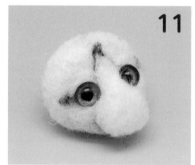

將它固定在預先用記號筆畫的範圍處。

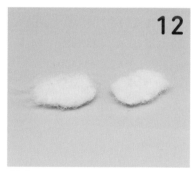

製作兩片上眼皮。

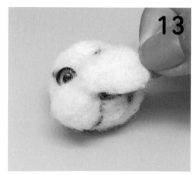

將眼皮覆蓋在眼珠上半部的2/3左右。

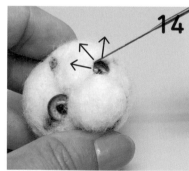

從周圍戳刺固定後，再使用戳針推出眼睛上緣的弧度。

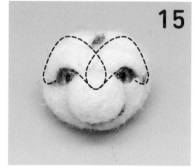

兩邊上眼皮包覆好的樣子。

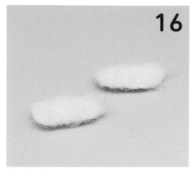

接著製作兩片顴骨。

將顴骨包覆在眼珠下半部，這裡會稍微附著到嘴部，另一頭接近「太陽穴」的地方。

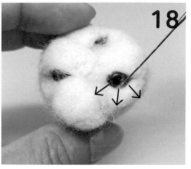

一樣將下面顴骨推出弧度，使整個眼睛看起來是杏仁形。

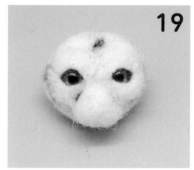

兩邊顴骨包覆好的樣子。

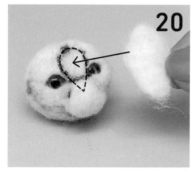

製作一片樹葉形的薄片，用於填補貓咪的側面立體結構。

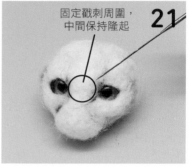

將它覆蓋在嘴部上方、兩眼中間及額頭前方的區域。

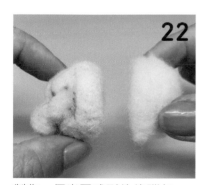

製作一個半圓球形的後腦勺。

戳刺固定在臉部後方，使頭型變圓潤。

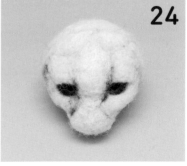

幼貓頭部基底即完成，這是俯視的樣子。

no.01

Ragdoll

布偶貓

布偶貓要學習的重點是分區換漸層色的範圍拿捏。這邊要注意的是，植毛到快靠近眼睛才換較深的毛色，否則深色的毛會遮到外層淺色的毛。牠們的眼珠幾乎都是水藍色的，毛量也相當豐厚，完成後會是很華麗的模樣。

材料 ✑

羊毛

M 西班牙短纖維白色基底羊毛

M 黑色短纖維羊毛

M 134 深咖啡色羊毛

M 202 紫紅色羊毛

M 257 深灰色羊毛

M 淺茶色羊駝毛

M 3100 Corrie 系列 - 淺灰色長纖維羊毛

M 3101 Corrie 系列 - 棕灰色長纖維羊毛

H 551 植毛系列 - 白色羊毛

H 556 植毛系列 - 黑色羊毛

H 814 粉橘色羊毛

* M 表示可購自瑪琪羊毛氈，數字為該商店的販售編號
* H 表示為日本 Hamanaka 系列羊毛，數字為此品牌的通用編號

其他

10mm 水藍色玻璃眼珠 1 對

製作重點 ✑

① 毛色會呈漸層感，越靠近眼睛越深色。

② 下巴區域的毛量明顯比上方厚實、蓬鬆。

③ 後腦勺的毛呈放射狀，有蓬蓬的感覺。

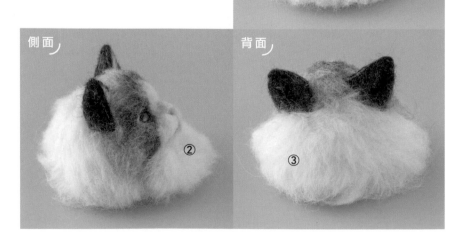

正面

側面

背面

＊ 布偶貓頭部版型 ＊

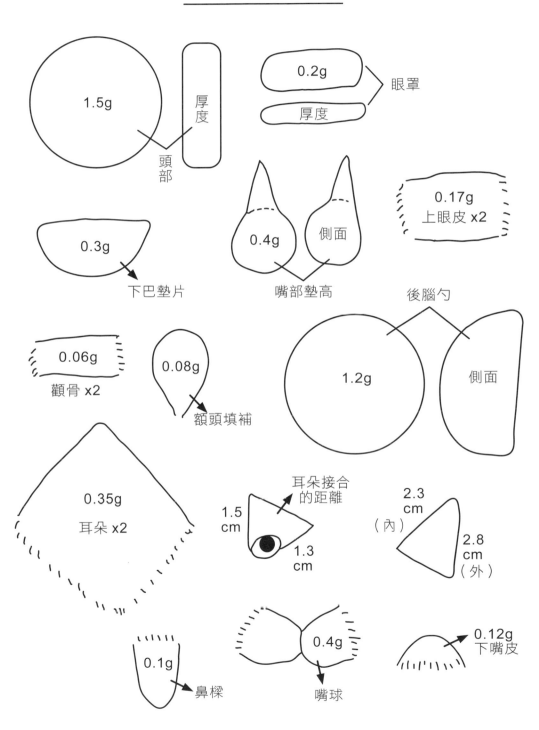

1.5g 頭部
厚度

0.2g 眼罩
厚度

0.17g 上眼皮 x2

0.3g 下巴墊片

0.4g 側面 嘴部墊高

0.06g 顴骨 x2

0.08g 額頭填補

1.2g 側面 後腦勺

0.35g 耳朵 x2

耳朵接合的距離
1.5cm
1.3cm

2.3cm（內）
2.8cm（外）

0.1g 鼻樑

0.4g 嘴球

0.12g 下嘴皮

How To Make

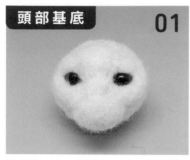

頭部基底 01

參考P.70，製作一個成貓頭部基底（使用10mm水藍色玻璃眼珠）。

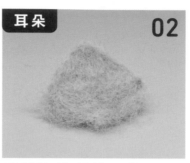

耳朵 02

用粉橘色羊毛製作兩片耳朵。

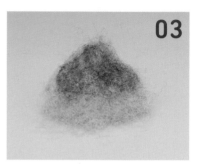

03

將耳朵的其中一面戳上深灰色羊毛。

POINT 留意針要打斜戳，不要讓深灰色羊毛竄到另一面太多。

04

耳朵尖端再戳上黑咖啡色羊毛（混合黑色與深咖啡色羊毛）。

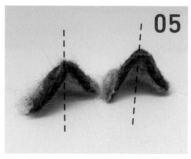

05

戳好的兩片耳朵。黑咖啡色會包覆耳朵正面的邊框，請在耳朵中間對折並戳出摺痕。

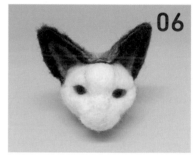

06

將兩邊耳朵接上頭部基底。接著植左右側頭部的毛。

臉部植毛 07

淺茶色 +
淺灰色

混合淺茶色羊駝毛和淺灰色長纖維羊毛，由耳朵往眼珠方向植毛，毛流朝外斜上方。

08

第一次換色

棕灰色

快靠近眼珠時，換用棕灰色長纖維羊毛植毛，大概植 2-4 束即可。

09

第二次換色

棕灰色 + 黑色

最靠眼珠內側植上棕灰色長纖維混合黑色長纖維羊毛。讓毛色由外往內逐漸變深。

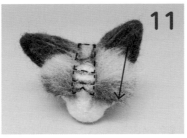

10

左右邊植好且修剪過的樣子。
必須將毛剪短至露出耳朵的
2/3左右。

11

接著植頭頂正中央區域。將淺
茶色羊駝毛混合淺灰色長纖維
羊毛，由兩耳往鼻頭方向植。

12

淺茶色 +
淺灰色

毛流為朝正上方豎起來。

13

棕灰色

靠近眼珠處換色（後方淺、前
方深），使用棕灰色長纖維羊
毛，大約植2束即可。

14

棕灰色
+ 黑色

最靠近雙眼處，則使用棕灰色
長纖維混合黑色長纖維羊毛來
植毛。

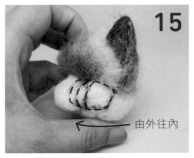

15

由外往內

接著準備植顴骨區域，這邊也
採取漸層換色。

16

淺茶色 +
淺灰色

最外層使用淺茶色羊駝毛混合
淺灰色長纖維羊毛，橫向往外
植，毛量會比頭頂區少一點。

17

棕灰色

接著換成顏色深一階的棕灰色
長纖維羊毛，植毛方向一樣為
橫向。

18

棕灰色
+ 黑色

最內側靠嘴鼻處，使用棕灰色
長纖維混合黑色長纖維羊毛。

19

兩側顴骨植好的樣子。深色都
會分布在最接近臉中央處，越
外側越淺。

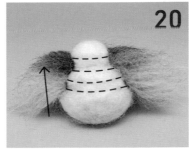

20

接著是下巴區植毛，植毛方向
為由下往上，環狀放射植毛。

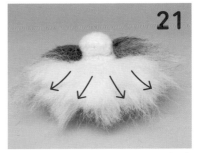

21

使用白色長纖維羊毛，這邊的
毛量需要濃密豐厚。

下巴區植好後,整體看起來的樣子。

使用白色基底羊毛製作一片鼻樑,上端要留活毛,藍色點為鼻尖放置處。

鼻樑接合上去的樣子。

使用粉橘色羊毛製作鼻頭,並雕鑿出鼻孔。

使用錐子將眼珠由下往上小心撬起,讓它更露出來一點。

POINT 眼珠難免在戳刺過程中陷入羊毛中,臉部植好毛後再用錐子調整即可。

接著使用白色基底羊毛戳一小條,當成貓咪的上眼眶,並從鼻樑側面往眼珠上緣戳刺。

下眼眶亦是使用同樣方式包覆,只是方向相反。此上下眼眶會將眼珠包覆成杏仁形狀。

左右眼包覆好的樣子,並戳入黑色內眼線。

使用白色基底羊毛製作兩小片嘴球,一頭要留少許活毛。

將嘴球戳在鼻頭處，活毛朝顴骨方向。

兩片嘴球戳好的樣子，要完全跟鼻頭貼合不分開。

再製作一片下嘴皮，戳在兩個嘴球下方。

嘴部中間戳上紫紅色線，並使用深咖啡色羊毛戳出鼻孔。嘴部周圍再用腮紅輕輕塗抹。

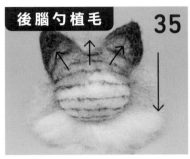

後腦勺植毛

後腦勺使用白色長纖維羊毛，由上往下環狀放射植毛。

植好的樣子。

再用白色長纖維羊毛於耳朵內側邊緣戳入耳內毛。

整體修剪後即完成。

no.02

金吉拉貓
Chinchilla cat

金吉拉與布偶貓都是長毛貓，但彼此的臉部輪廓還是有些不同，在初步的打底製作可以一樣，但最後的差異點會在臉部植毛後出現、需做調整。第一點是鼻樑，金吉拉的鼻樑較短、翹，鼻樑中段有凹下去的陰影（所以會有鼻子皺皺、臉比較臭的感覺）；而布偶貓的鼻樑會比較接近一般貓咪。第二點在於嘴部，金吉拉嘴邊兩團肉會呈現有點下垂外展的感覺（有點像鰲拜的兩撇鬍子）；而布偶貓就相對圓潤，所以感覺表情會比較柔和。此外，因為基因關係，金吉拉的眼珠幾乎為綠色，布偶貓則為藍色。

材料 ℓ

羊毛

M 西班牙短纖維白色基底羊毛

M 黑色短纖維羊毛

M 134 深咖啡色羊毛

M 256 淺灰色羊毛

M 257 深灰色羊毛

M 白色羊駝毛

M 3100 Corrie 系列 - 淺灰色長纖維羊毛

H 814 粉橘色羊毛

POINT 白色羊駝毛也是長纖維，但比 Hamanaka 551白色羊毛更為柔軟，適合與比較粗的Corrie系列羊毛混合，剛好能平衡柔軟度並增添光澤。

其他

10mm 綠色玻璃眼珠 1 對

* M 表示可購自瑪琪羊毛氈，數字為該商店的販售編號

* H 表示為日本 Hamanaka 系列羊毛，數字為此品牌的通用編號

製作重點 ℓ

① 嘴球不是圓形，而是八字鬍般的形狀。

② 鼻樑短，額頭跟鼻子中間會有明顯凹陷。

③ 後腦勺會跟布偶貓一樣，整體蓬蓬的。

正面

側面

背面

* 金吉拉貓頭部版型 *

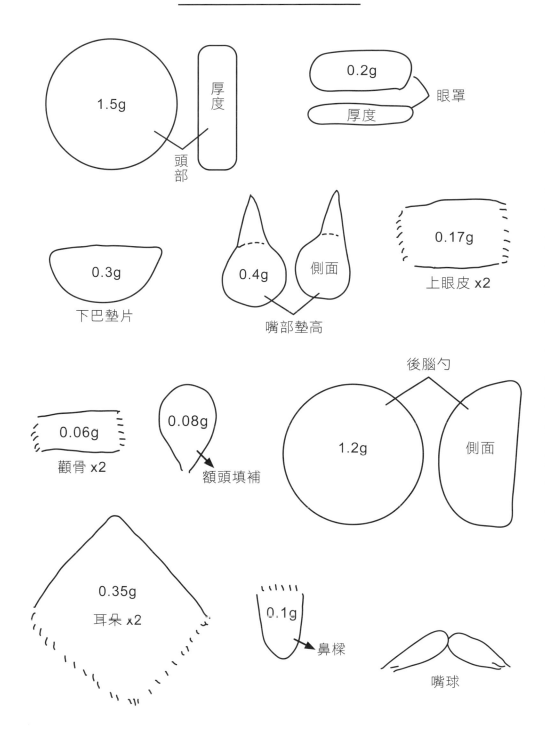

1.5g 厚度 頭部

0.2g 厚度 眼罩

0.3g 下巴墊片

0.4g 側面 嘴部墊高

0.17g 上眼皮 x2

0.06g 顴骨 x2

0.08g 額頭填補

後腦勺 1.2g 側面

0.35g 耳朵 x2

0.1g 鼻樑

嘴球

How To Make ✍

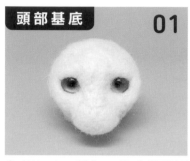

頭部基底 **01**

參考P.70，製作一個成貓頭部基底。金吉拉貓的眼珠通常帶綠色。

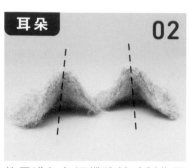

耳朵 **02**

使用淺灰色短纖維羊毛製作兩片耳朵，並在裡面鋪上粉橘色羊毛。

POINT 將耳朵對折、戳出摺痕，可以增強立體感。

03

在耳朵邊框包覆上細細的白色基底羊毛。

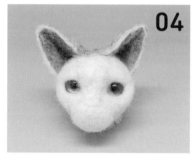

04

將兩邊耳朵接到頭部基底上。

臉部植毛 **05**

準備開始植毛，由耳朵往眼珠方向植，毛流朝斜上方。

06

使用Corrie系列淺灰色長纖維羊毛混合白色羊駝毛，兩側都是植到眼珠為止。

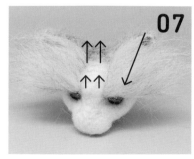

07

接著植兩耳中間部分，使用同色羊毛，由後腦往眼珠方向植，毛流朝正上方豎起。

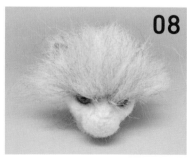

08

頭頂區域植好的樣子。

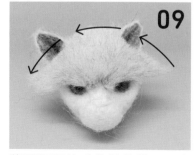

09

將頭頂區的毛稍做修剪，露出耳朵 2/3 左右。

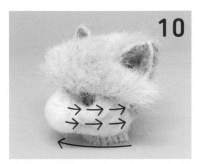

10

準備植顴骨區域,使用同色羊毛,由外往嘴部方向植毛。

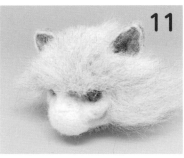

11

毛流為橫向(可稍微斜上),植到靠眼珠內側。

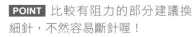

POINT 比較有阻力的部分建議換細針,不然容易斷針喔!

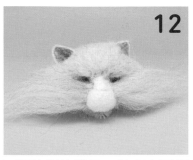

12

兩側植好的樣子。請留意兩側植毛的毛量、厚度是否一致。

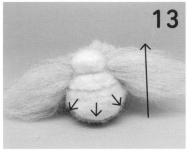

13

接著換下巴區,由底部往上,採環狀放射植入豐厚毛量。

POINT 可以用更多白色羊駝毛混合淺灰色長纖維,讓毛色更淺。

14

下巴區植好的樣子。

鼻子 **15**

以淺灰色羊毛混少許白色基底羊毛製作鼻樑片,並對準鼻尖(藍色點)接合。

POINT 鼻樑頂端要留活毛,以融合在頭頂區。

16

這是鼻樑接好的樣子。

POINT 戳針必須打斜的去雕塑鼻樑兩側立體的樣子。

17

使用深咖啡色混合黑色羊毛做出鼻頭,戳刺在鼻樑尖端並修飾成小倒三角形。

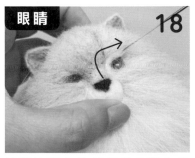

眼睛 **18**

接著使用白色基底羊毛製作出細條狀,沿著鼻樑往眼珠上緣輕戳出一個弧度。

19

兩邊上眼眶戳好的樣子。

POINT 這邊最忌諱下針重戳,請打斜戳針、點狀固定即可,讓白色眼眶看起來像貼在毛上而已。

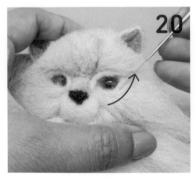

20

下眼眶也是用同樣方式固定。上下白框會將眼珠包覆成杏仁形狀。

POINT 白色框的曲度相當重要,是形成漂亮眼形的關鍵。

21

接著將黑色羊毛揉成細線,沿著眼珠內緣戳刺。上下眼眶都可以嘗試加上黑眼線。

22

加好眼線後的樣子,眼珠會有放大的效果。

嘴球

23

使用白色基底羊毛,製作兩片很像鬍子形狀的片狀。

POINT 有別於其他貓咪的嘴球形狀,這是金吉拉的專屬特色!

24

將它固定在嘴部。

25

這是將嘴球固定好的樣子,方向朝斜外下方(八字鬍)。

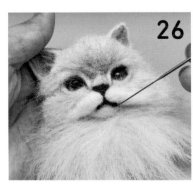

26

把黑色羊毛揉細、戳出嘴線。

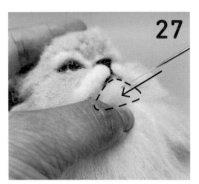

27

並使用白色基底羊毛補上一小片下巴。

下巴補好的樣子。下巴上緣還可以戳上少許的深灰色羊毛當作嘴唇。

花紋

使用記號筆預先畫出花紋。

臉頰側邊也有花紋，鬍子外圍有點狀分布。

這是做好花紋記號的樣子，接下來準備將羊毛戳入。

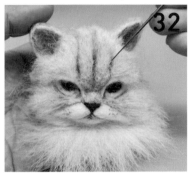

使用深灰色羊毛刺入記號線。
POINT 羊毛用量盡可能少，並細細地戳入，線才不會太粗。

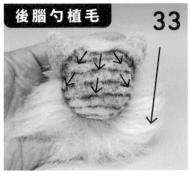

後腦勺植毛

準備植後腦勺區域，由上往下環狀放射植毛。

這是後腦植好毛的樣子。

耳內毛

接著使用白色羊駝毛植上耳內毛，左右耳都要喔！

整體完成的樣子。

no.03

英國短毛貓
British Shorthair

英國短毛貓個性溫馴，有著不同的花色（藍金漸層、丁香紫等等），圓圓的包子臉，稍微粗胖的手腳，以及讓很多人愛不釋手的濃密蓬鬆的毛。在製作上要特別注意，它的口鼻距離較短，五官不同於一般的米克斯貓咪哦！

材料 ✑

羊毛

M 西班牙短纖維白色基底羊毛

M 黑色短纖維羊毛

M 242 淺米色羊毛

M 268 混棕色羊毛

M 淺茶色羊駝毛

M 3101 Corrie 系列 - 棕灰色長纖維羊毛

H 202 紫紅色羊毛

H 551 植毛系列 - 白色羊毛

H 553 植毛系列 - 棕色羊毛

H 814 粉橘色羊毛

* M 表示可購自瑪琪羊毛氈，數字為該商店的販售編號
* H 表示為日本 Hamanaka 系列羊毛，數字為此品牌的通用編號

其他

10mm 綠色玻璃眼珠 1 對

製作重點 ✑

① 英國短毛貓的嘴邊肉會比較垂、薄薄的。

② 臉型整體呈圓弧線條，嘴巴距離鼻子很近。

正面 | 側面

✳ 英國短毛貓頭部版型 ✳

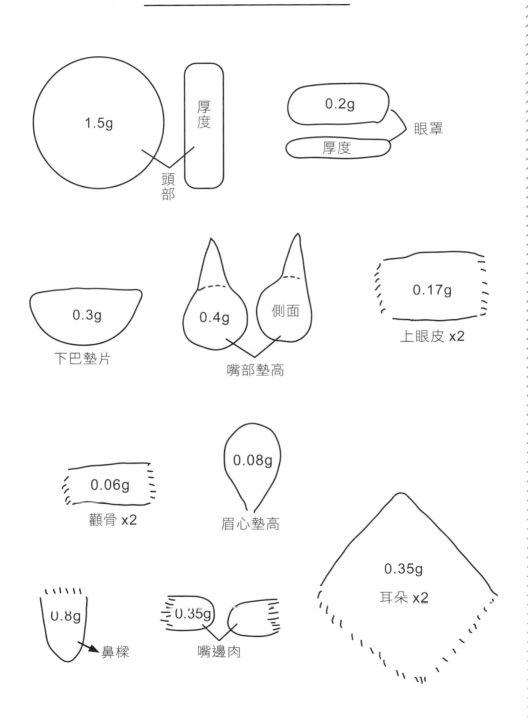

1.5g

厚度

頭部

0.2g

厚度

眼罩

0.3g

下巴墊片

0.4g 側面

嘴部墊高

0.17g

上眼皮 x2

0.06g

顴骨 x2

0.08g

眉心墊高

0.35g

耳朵 x2

0.8g

鼻樑

0.35g

嘴邊肉

How To Make ℓ

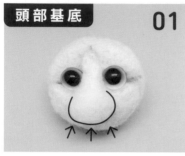

頭部基底 **01**

參考P.70的步驟1～11，開始製作一個成貓頭部基底。

POINT 英國短毛貓的口鼻較短，所以接合水滴型嘴部時，可以刻意往上推固定。

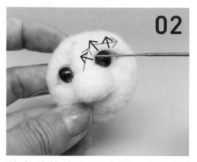

02

戳出片狀的上眼皮後，戳刺到眼睛上並用錐子推開（黑色箭頭處）。

03

雙眼眼皮添加好的樣子。

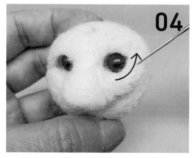

04

接著補顴骨，並注意往上包覆的角度。

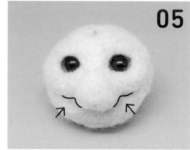

05

兩側顴骨添加好後會自然呈現出貓咪臉部輪廓的陰影。

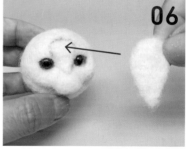

06

製作一片「倒水滴型」，添加在兩眼中間，墊高眉心位置。

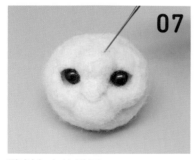

07

戳刺上去的樣子。

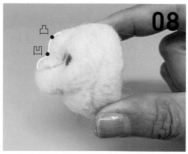

08

凸
凹

從側面看，鼻樑也會增高，並呈現如圖示的曲線。

09

由底部往眼珠方向看，檢視雙眼有無高低差、整體基底是否對稱。

植毛 10

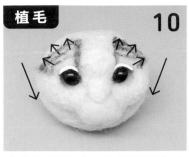

準備進行植毛。先從兩眼上方開始，由外往內植。

11

淺茶色

棕灰色

棕色

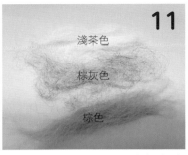

混合淺茶色羊駝毛、棕灰色與棕色長纖維羊毛。

12

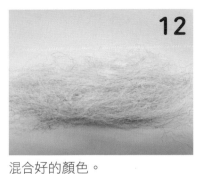

混合好的顏色。

POINT 此次要製作的花色為藍金漸層（呈現暖灰感的淺黃）。

13

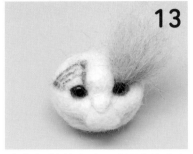

毛流朝斜外上方，植到眼珠處停止。

14

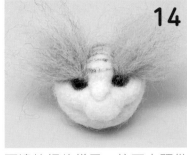

兩邊植好的樣子。接下來預備植頭頂上方區域。

15

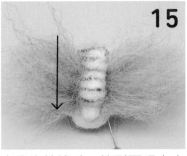

由後往前植毛，植到兩眼上方中間停止。

16

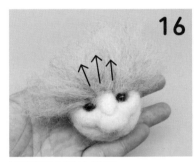

頭頂區植好的樣子。

17

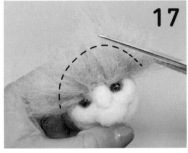

植好頭頂區後先剪短，才不會與其他植毛區的毛流劃分不清。

18

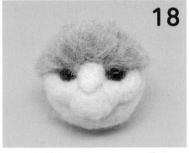

初步修剪好後，會呈現「富士山」形狀。

19

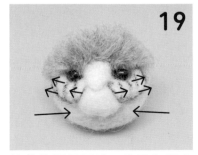

接著植顴骨區域，此區為橫向朝外側植毛，使用與頭頂一樣的混色羊毛。

20

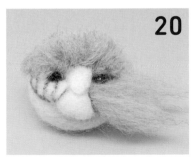

單側植好的樣子。

21

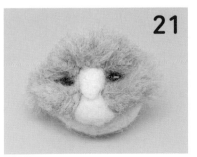

兩側顴骨區植好並剪短。

22

準備下巴區的植毛。將白色長纖維羊毛與頭頂區顏色的羊毛，以 4:1 混出米白色。

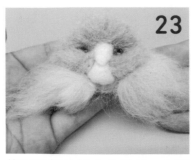

23

使用混好的米白色羊毛，先將下巴區的左右邊外側，由後往前放射狀植毛。

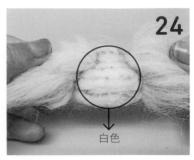

24

接著植靠近下巴的中央區域，改用白色長纖維羊毛，讓下巴整體有漸變的色感。

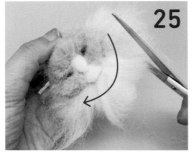

25

植好後開始修剪，這邊先剪出圓弧感。

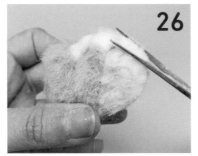

26

再把剪刀貼著剪更短。

POINT 下巴區域要大膽剪毛喔！

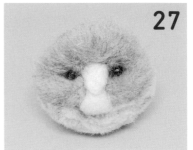

27

剪好後的樣子。

眼睛・鼻子

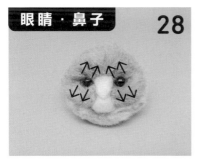

28

將眼周的毛使用戳針撥開，使眼珠露出。

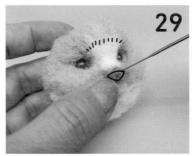

29

補上一小片白色基底羊毛當鼻樑後，混合粉橘色與紫紅色羊毛，戳刺上去形成鼻頭。

30

鼻樑與鼻頭製作好的樣子。

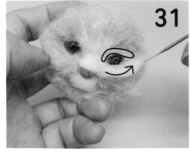

31

用白色基底羊毛戳成細長條（寬度約0.2-0.3cm），圍繞眼珠戳刺成杏仁狀眼眶。

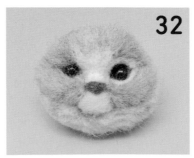

32

單側眼珠包覆好後，另一眼也同樣包覆。可以再用黑色羊毛添加內眼線。

33

混合淺米色與混棕色羊毛，調出鼻樑的顏色（與頭頂毛色需相近）以便銜接。

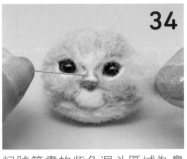

34

記號筆畫的紫色漏斗區域為鼻樑鋪色範圍，把混合好的羊毛戳上去。

嘴部　35

接下來放上兩片嘴邊肉，需緊靠鼻頭。

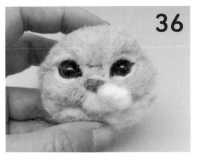

36

單側嘴邊肉戳上去的樣子。

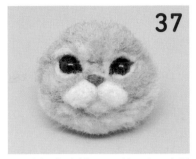

37

兩側完成的樣子。英國短毛貓的嘴邊肉比較垂且薄，不會像米克斯貓的嘴部那樣突出。

花紋　38

用記號筆在臉上畫出花紋記號，再使用混棕色羊毛，揉細後分別戳入。

39

臉部花紋戳刺上去的樣子。

40

使用深色眉粉將嘴部刷上一點灰駝色。

41

頭頂正中央刷上深棕色。

42

使用腮紅在嘴部中央刷上一點粉紅感。

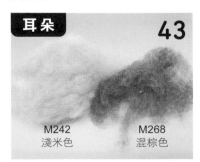

耳朵　43

M242
淺米色

M268
混棕色

使用淺米色與混棕色羊毛以1:1混合出耳朵顏色。

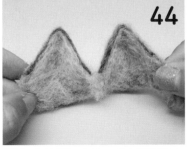

44

製作出兩片耳朵，內耳需戳上粉橘色羊毛。

45

將兩邊耳朵接合上去，並使用白色長纖維羊毛植入耳朵，即完成作品。

no.04

白底虎斑貓
Tabby

白底虎斑貓是常見的米克斯（mix）貓種，也是艾蜜莉目前養的貓咪花色。其實即便不是屬於特定品種貓，每一隻米克斯貓咪仍然有許多神韻的差異，例如眼神、鼻樑高度、顴骨明不明顯等等。而這些細節都會影響到擬真程度，建議大家都紮紮實實地練好基本功後，再來進階挑戰所謂的「復刻」，或是專屬訂製款。我們就先以白底虎斑貓的大致流程步驟開始吧！

正面 ①

背面 ②

上面 ③

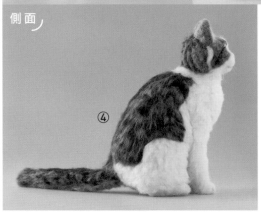

側面 ④

製作重點 ℓ

① 貓咪的輪廓差異較小，主要著重在表情的細節。

② 貓咪的身形呈現「上窄下寬」的梨形。

③ 白底虎斑貓的背部和尾巴中間會有一條深色線。

④ 植毛時先植深色區再植淺色區，比較不會弄髒。

材料 ℓ

羊毛

M 西班牙短纖維白色基底羊毛

M 黑色短纖維羊毛

M 134 深咖啡色羊毛

M 268 混棕色羊毛

M 3100 Corrie 系列 - 淺灰色長纖維羊毛

M 3101 Corrie 系列 - 棕灰色長纖維羊毛

M 3032 Corrie 系列 - 駝色長纖維羊毛

H 202 紫紅色羊毛

H 212 Mix 系列 - 茶色羊毛

H 551 植毛系列 - 白色羊毛

H 556 植毛系列 - 黑色羊毛

H 814 粉橘色羊毛

其他

10mm 黃綠色玻璃眼珠 1 對

白色仿真貓咪鬍鬚（或 0.2-0.3cm 透明釣魚線）

* M 表示可購自瑪琪羊毛氈，數字
  為該商店的販售編號

* H 表示為日本 Hamanaka 系列羊
  毛，數字為此品牌的通用編號

* 白底虎斑貓頭部版型 *

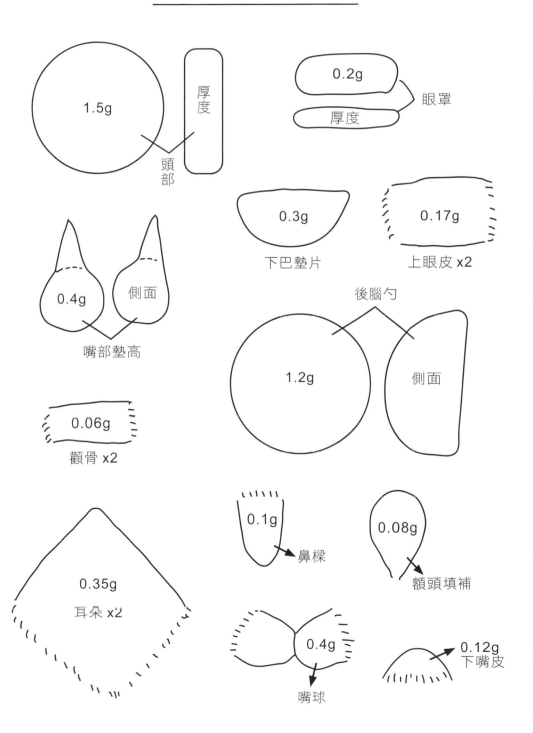

1.5g

厚度

頭部

0.2g

厚度

眼罩

0.3g

下巴墊片

0.17g

上眼皮 x2

0.4g

側面

嘴部墊高

後腦勺

1.2g

側面

0.06g

顴骨 x2

0.35g

耳朵 x2

0.1g

鼻樑

0.08g

額頭填補

0.4g

嘴球

0.12g

下嘴皮

* 成貓骨骼圖 *

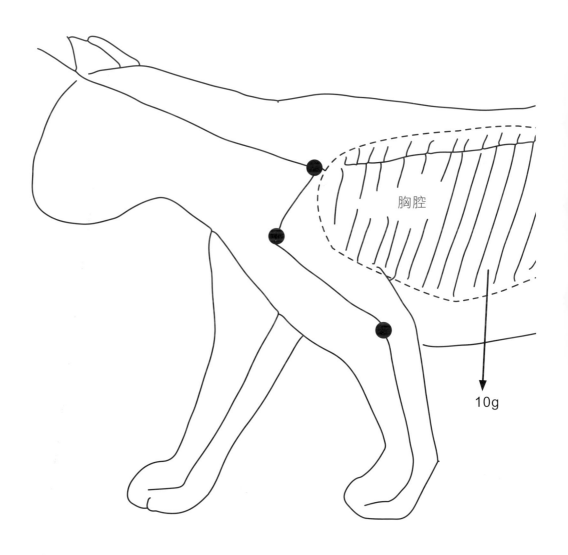

胸腔

10g

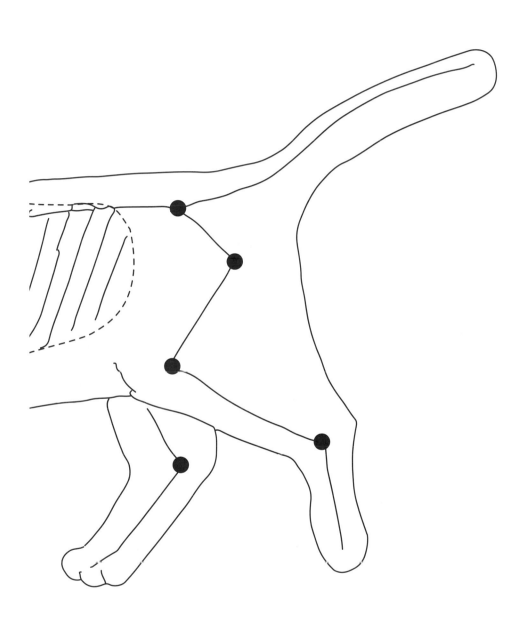

How To Make

《 頭部 》

頭部基底 01

參考P.70，製作一個成貓頭部基底。

耳朵 02

使用混棕色羊毛戳出兩片薄片狀耳朵。

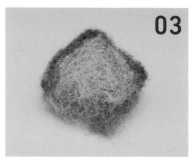

03

耳朵周圍保留約0.2cm寬的外框，在裡面薄鋪並戳上粉橘色羊毛。

04

接著將耳朵對折、稍微戳出摺痕，讓形狀變立體。

05

用記號筆畫上預備放置耳朵的位置。

06

耳朵接合好的樣子。

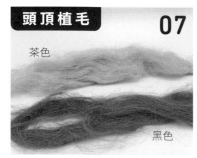

頭頂植毛 07

茶色

黑色

進入植毛階段。使用茶色與黑色長纖維羊毛以 5:1 混合。

POINT 茶色對於虎斑貓來說偏淺，所以加入黑色混合。

08

兩色混合好後，剪成3-4cm長度數段備用。

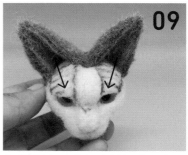

09

先從頭頂兩側開始植毛，由耳朵往眼珠方向一層層植。

毛流為斜外上方，植到接近眼珠才停止。

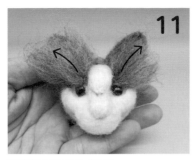

兩側植好毛的樣子。

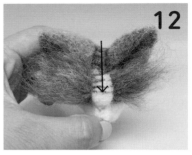

接著植頭頂正中央區域，由兩耳中間往兩眼中間方向植。

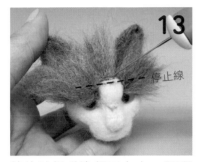

植的時候毛流朝正上方。預留鼻樑上段到眼珠上方的空白區域，不植毛。

用記號筆畫好顴骨植毛區域，由外側往臉部中心處植毛。

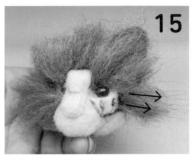

植的時候毛流偏橫向往外展，可以帶有微微斜上。

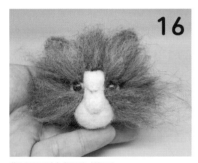

顴骨區植好的樣子。

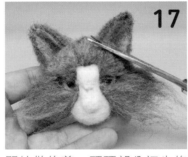

開始做修剪，頭頂部分初步修剪到露出耳朵的 2/3。

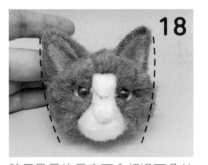

臉周最長的長度不會超過耳朵外圍太多，所以會修剪掉不少喔！

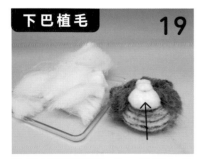

下巴植毛

準備植下巴區的毛，使用白色長纖維羊毛，由下往上植。

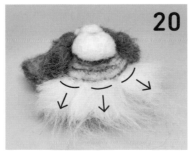

採環狀植毛，一層層往上，植到靠近嘴部才停止。這邊每一束的毛量會多一點。

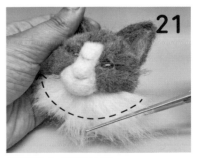

植好後先修剪外圍。

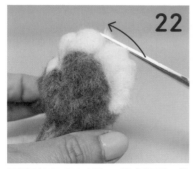

22

再順著下巴形狀,從側面把剪刀貼著基底修到偏短且服貼。

過渡區植毛 **23**

耳朵下方跟後腦勺之間會有一個過渡區域(如圖示),這邊也要植毛。

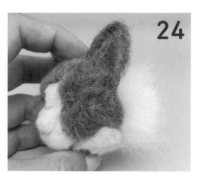

24

這裡的毛流方向為橫向外展,植滿即可,一樣使用白色長纖維羊毛。

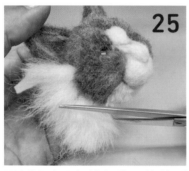

25

兩側過渡區都植好後,修剪到跟顴骨區的毛長度接近。

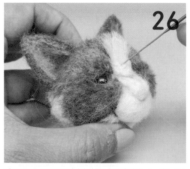

26

在兩眼間到前額處補植白色長纖維羊毛,使其跟頭頂區的毛密合。

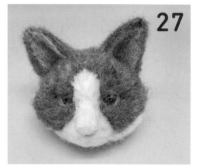

27

正面植好的樣子。

五官細節 **28**

使用粉橘色羊毛戳上鼻子,可以先戳一個小倒三角形,再刻劃鼻孔。

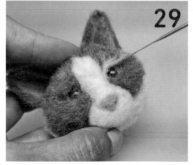

29

使用白色基底羊毛先戳出一條細線,再輕戳在眼珠上緣,須有一個弧度。

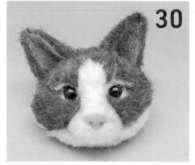

30

白色細線的裝飾會讓眼神看起來柔和。

POINT 避免戳太重或太粗,貓咪看起來會變成戴太陽眼鏡喔!

31

接著製作兩片嘴球，準備戳到嘴部基底上。

POINT 很多人容易將嘴球做得太大，需要注意！

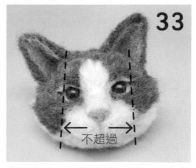

32

單邊嘴球戳上去的樣子。

33

不超過

再戳好另一邊嘴球。兩片嘴球像含住鼻子般不分離，兩邊嘴球寬度不超過兩眼眼尾。

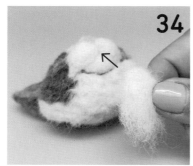

34

接著製作一片小小的下嘴皮，末端留活毛。

35

補在兩個嘴球正下方的縫隙，如果太大或太小都要微調。

POINT 下嘴皮不要戳得太大力，以免導致後縮。

36

將黑色短纖維羊毛揉成細線，並戳在眼珠上緣製作內眼線。

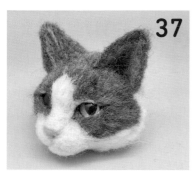

37

內眼線放好後，從側面看的樣子，會有眼睛變大的效果。

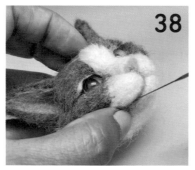

38

將紫紅色羊毛揉細線，從鼻子下方戳上人中，並沿著戳入嘴球與下嘴皮的交界處。

POINT 入針方向為由下往上，如果直接把線條從正面往下戳，容易讓線太凹陷而影響作品精緻度。

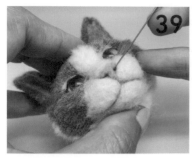

使用深咖啡色羊毛戳出鼻孔。

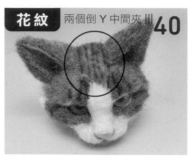

花紋　兩個倒 Y 中間夾 Ⅲ

使用記號筆預先畫上貓咪紋路，頭頂區是兩個倒 Y 中間夾一些虛線感。

在眼角處延伸線條，顴骨區用記號筆散落一些黑點像雀斑。

使用黑色短纖維羊毛，刺入上面所做的記號紋。

POINT 因為貓咪臉部紋路的毛最後都會剪得相當服貼且細，若使用長纖維羊毛反而很難控制做出極細紋路，所以頭頂區用短纖維羊毛來植毛，既不影響效果又省時省力。

刺進去之後羊毛會微微豎起（如圖），再使用剪刀剪短。

開始把頭頂區紋路紛紛刺入黑色短纖維羊毛，一邊做修剪。

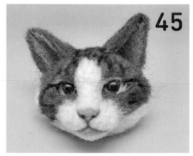

顴骨區與臉頰側面也以同樣方式完成。

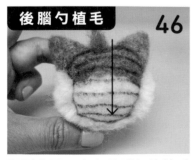

後腦勺植毛

翻到背面，畫上後腦勺的植毛區域。這邊會由頭頂往下植。

每一層都是環狀植毛。

植好後修剪成圓形。

剪好後的樣子。

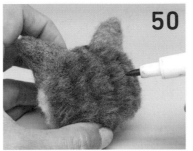

接著使用記號筆，預先畫出後腦勺的紋路。

這邊使用黑色長纖維羊毛（紋路會比較寬），取一束毛垂直擺放在剛才畫的記號線。

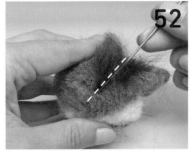

接著從中間刺入固定在原本做好記號的紋路上。

毛束此時會立起來。

再將毛剪短。

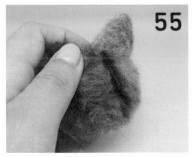

剪好後的樣子。

分別將後腦勺較粗的直條紋路植完。

耳內毛

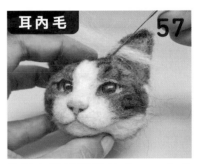

使用白色長纖維羊毛，一小束稍微攤開植在耳朵的內側，從中間戳刺固定。

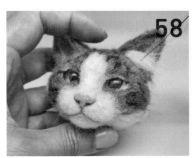

再往外翻固定一次。

依序將耳朵內側邊緣往上戳入另一束耳內毛。

重複同樣的中段固定、再向外折並固定一次的動作。

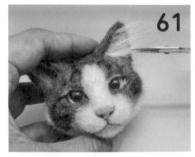

接著將耳內毛修短。

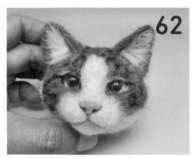

兩邊都修好的樣子。

用錐子在嘴球上戳出預備放鬍鬚的洞。

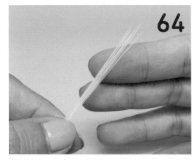

準備好一把鬍鬚。

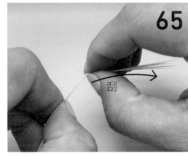

使用指甲刮過鬍鬚。

刮過後，鬍鬚末端會呈現一個自然的弧度。

把鬍鬚剪成想要的長度。

擠出一些保麗龍膠備用。

將鬍鬚一端塗上保麗龍膠。

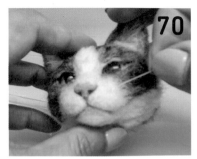

插入錐子挖出的洞口。

安裝好兩側鬍鬚的樣子，頭部就完成囉！

《 身體 》

身體骨架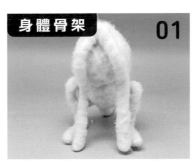
01

參考P.36，折出端正坐姿的骨架並包覆上羊毛。

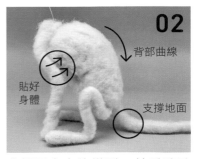
02

背部曲線

貼好身體

支撐地面

背部呈大大的拱形，前手臂貼近身體，尾巴（靠近身體處）會有一小段幫助支撐身體。

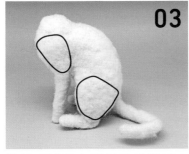
03

將前手臂的上段以及後腿補上羊毛充當肌肉，與身體銜接處也要補上羊毛。

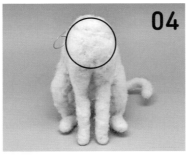
04

從正面看，胸口處使用像圍圍巾的方式補上羊毛，看起來微圓潤感。

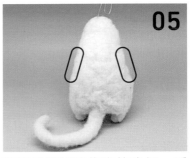
05

背面側腰部線條銜接流暢，看起來像梨形。

背部
06

黑色

茶色

茶色：黑色＝3：1

混合3:1的茶色與黑色長纖維羊毛，調出深一點的虎斑底色。

POINT 視想做的貓咪樣式決定，不一定都需要調色。

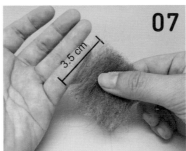
07

3.5 cm

將羊毛混合好後，剪成約 3.5cm 數段備用（通常會抓小拇指兩個指節的長度）。

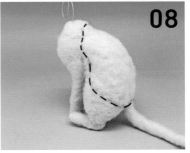
08

準備植毛，先從背部中央（很像馬鞍，想像貓咪穿背心的地方）開始，再往四肢植毛。

POINT 若白底虎斑貓有深淺毛色區分的話，我就會選擇先植大面積的深色區域，因為先植淺色會容易被後來的深色羊毛弄髒。

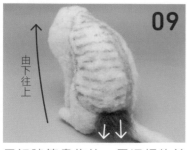

由下往上

用記號筆畫條紋，用混好的羊毛先植底部第一層，將羊毛束稍微攤開並對折植入。

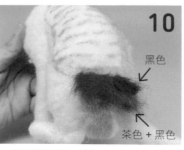

黑色

茶色＋黑色

一排植好後，換成用黑色長纖維羊毛植第二層。

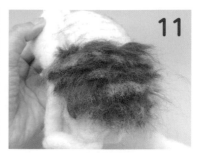

接下來以此規則交替一層層往上植毛（一淺、一深輪流）。

用剪刀橫向修剪

植一小部分後先修剪，確認條紋間距後，再繼續植毛。

背部一半植好並剪好的樣子。

POINT 可以用剪刀橫向修剪，去微調條紋的分配寬度。

側面看起來的樣子。

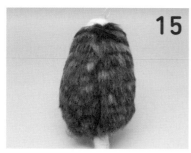

另一側背部也植好後的樣子。

虎斑貓的背部正中央會有一條直線的黑色紋路，可先用錐子撥出植毛空間。

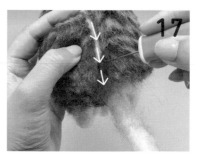

接著使用黑色長纖維羊毛由下往上一束束植毛，這邊也是需要反折固定，取量要少一些。

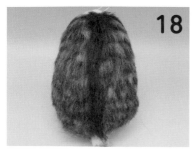

整條背部中線植好的樣子。

尾巴

接下來是尾巴植毛。先用記號筆畫出紋路，如圖有許多橫向條紋，尾巴中間有一條黑線。

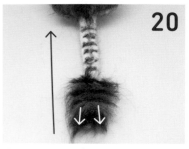

由末端開始（用量要更少），以一小束狀的方式植入，也是對折固定，深淺交替。

這是尾巴條紋植好的樣子。

使用小剪刀將尾巴中間剪出一條直線,並由尖端往身體方向戳入黑線。

這是尾巴正面植好的樣子。

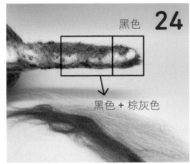

翻到背面,以約 3:1 混合棕灰色和黑色長纖維羊毛,調出淺灰色,由末端植至尾巴的 2/3。

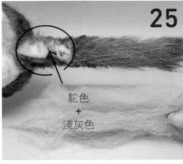

接著使用淺灰色混合駝色長纖維羊毛,製作出駝灰色,將尾巴背面植滿。

將尾巴修剪至想要的粗細。

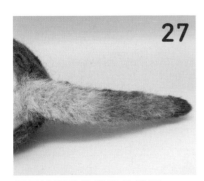

尾巴植好且修剪後的樣子。
POINT 通常尾巴背面的顏色會比較淺喔!

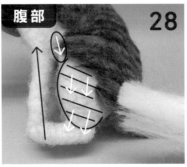

接下來都使用白色長纖維羊毛植毛。先植身體側邊,由下往上,一排排對折、毛流朝下。

植好之後做修剪。

修剪好的樣子。

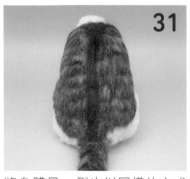

將身體另一側也以同樣的方式植毛。

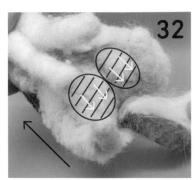

翻開身體腹部內側，由下往上植毛，毛流都是朝下方。

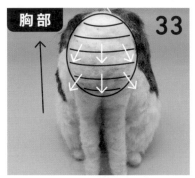

胸口採放射狀植毛，將羊毛對折、由下往上一層層植入。

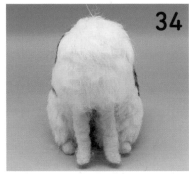

胸口部分植好的樣子。

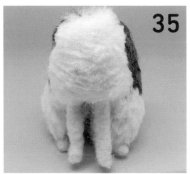

再將胸口的毛剪到貼近基底。

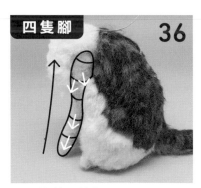

準備植前腳的部分。

用羊毛由下往上對折植入（毛量少一些），植到接合胸口（前腳各方向都要植）。

兩隻前腳植好並且修剪完畢的樣子。

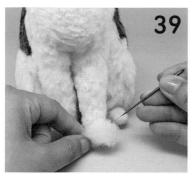

接著取少許白色基底羊毛製作腳掌。先將毛鋪上去、戳出小小的圓形。

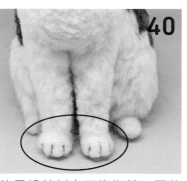

使用粗針刻出三條指縫，再使用細字奇異筆畫在指縫處形成更明顯的分隔線。

後腳掌亦是同樣的作法。

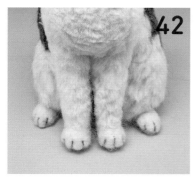

後腳掌製作好的樣子。

頭部接合

準備將頭部與身體做接合，先使用錐子在靠近後腦勺處鑽出一個路徑。

將脖子處的鐵絲穿過剛才鑽好的路徑，從頭頂拉出。

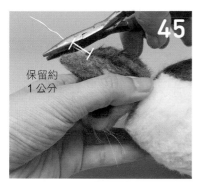

保留約1公分

使用斜口鉗剪斷過多的鐵絲（保留約1cm來鉤住頭部）。

再將保留下來的1cm鐵絲折出一個彎鉤，緊緊地將頭部與身體銜接。

交接處塗保麗龍膠固定

在脖子與頭的銜接處塗保麗龍膠固定，並將頭頂微微露出的鐵絲用周圍的毛撥動蓋住。

no.05

美國短毛貓
American Shorthair

美國短毛貓（簡稱「美短」）有著特殊的灰色花紋，尤其背部紋路的部分，辨識度相當高，所以我將美短也列為教學內容之一。牠們的眼珠顏色大多是綠色，此外，因為是幼貓的臉型，所以五官比例的位置也跟成貓不同，例如：幼貓的鼻子通常短短的，嘴部也比較小，頭頂佔比較高，甚至有些剛出生沒多久的幼貓寶寶耳朵小小的還沒完全豎起來，眼珠是濁濁的藍灰色，這些特色都是需要多加觀察才會發現的喔！

材料 ✐

羊毛

M 西班牙短纖維白色基底羊毛

M 黑色短纖維羊毛

M 134 深咖啡色羊毛

M 256 淺灰色羊毛

M 257 深灰色羊毛

M 272 粉紫色羊毛

M 3104 Corrie 系列 - 黑色長纖維羊毛

H 440-000-302 灰色長纖維羊毛

H 551 植毛系列 - 白色羊毛

H 556 植毛系列 - 黑色羊毛

H 814 粉橘色羊毛

* M 表示可購自瑪琪羊毛氈，數字為該商店的販售編號
* H 表示為日本 Hamanaka 系列羊毛，數字為此品牌的通用編號

其他

8mm 綠色玻璃眼珠1對

白色仿真貓咪鬍鬚（或 0.2-0.3cm 透明釣魚線）

製作重點 ✐

① 幼貓的頭占比較大而圓潤，五官也會和成貓不同。

② 貓咪尾巴背面的顏色通常會比較淺。

③ 美短各部位的毛色紋路特徵不同，須仔細觀察。

④ 美短側腹部有個明顯的「回」字形紋路。

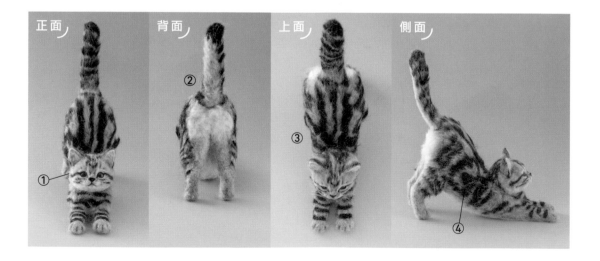

正面　背面　上面　側面

✳ 美國短毛貓頭部版型 ✳

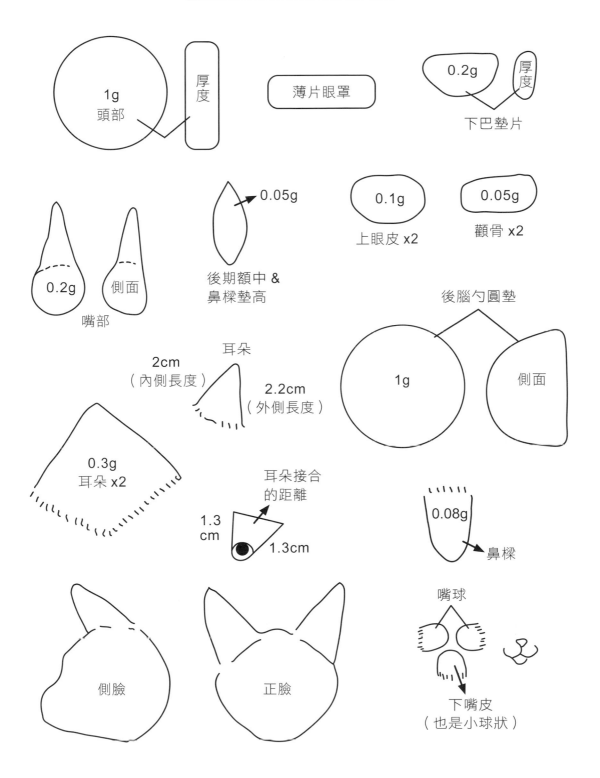

1g
頭部

厚度

薄片眼罩

0.2g

厚度

下巴墊片

0.05g

0.1g

0.05g

上眼皮 x2

顴骨 x2

後期額中 &
鼻樑墊高

0.2g

側面

嘴部

後腦勺圓墊

1g

側面

耳朵

2cm
（內側長度）

2.2cm
（外側長度）

0.3g
耳朵 x2

耳朵接合
的距離

1.3
cm

1.3cm

0.08g

鼻樑

嘴球

側臉

正臉

下嘴皮
（也是小球狀）

* 幼貓骨骼圖 *

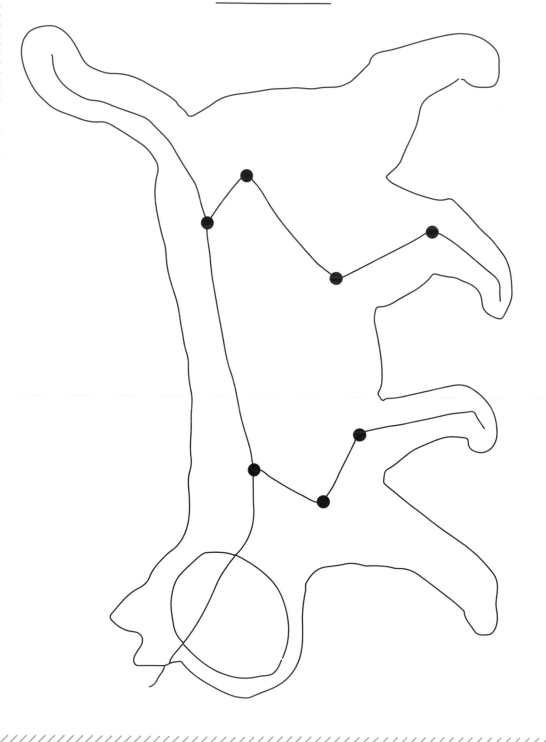

How To Make

《 頭部 》

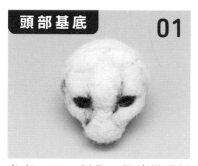

頭部基底 01

參考p.74，製作一個幼貓頭部基底。

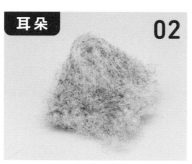

耳朵 02

使用淺灰色羊毛混合一些深灰色羊毛，製作兩片耳朵。

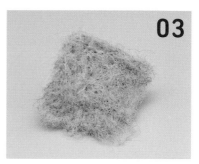

03

在耳朵內部戳上粉橘色羊毛。

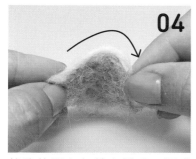

04

然後使用白色基底羊毛，揉成細線並戳刺在耳朵邊緣。

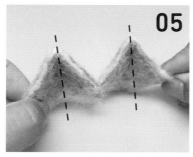

05

這是兩邊耳朵製作好的樣子。預先戳出耳朵的立體摺痕。

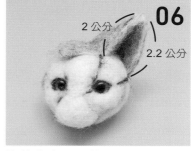

06

2 公分
2.2 公分

接著畫出耳朵接合的記號位置後，將耳朵固定上去。

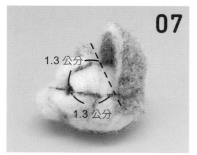

07

1.3 公分
1.3 公分

單邊耳朵接好後，從側面看的樣子。（請搭配版型注意耳朵接合距離）

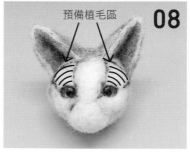

08

預備植毛區

這是幼貓臉部打底完成的樣子，接著準備進入植毛階段，會先從眼睛兩側開始。

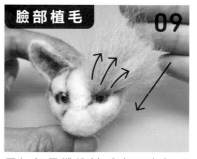

臉部植毛 09

用灰色長纖維羊毛由耳尖朝眼珠植毛。毛流朝右上方，每一束羊毛對折後再戳刺固定。

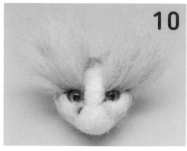

另一側的毛流則朝左上方。兩邊植好後如圖示。

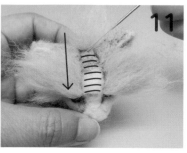

接著植兩耳中間。毛流皆朝正上方，每束毛對折戳刺固定，由後側慢慢往眼珠處植毛。

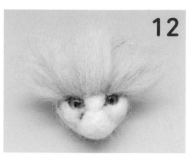

這是頭頂區域植好的樣子。

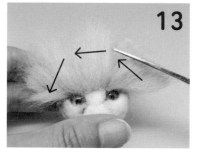

接著做初步的修剪。

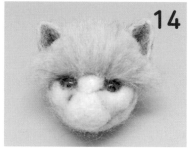

修剪至毛髮呈現梯形，並露出耳朵（後面還需要二次修剪）。

接著植顴骨區域，毛流為橫向，由外側往眼珠處植毛。

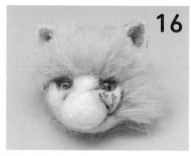

這裡的毛量會比頭頂區域稍微少一點。圖為植毛進行中的樣子，也是採對折固定戳刺。

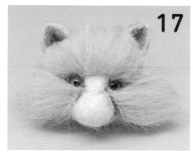

兩邊顴骨都植好的樣子。

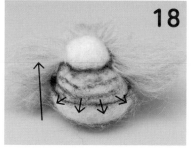

接著植下巴區域，使用白色長纖維羊毛由後往前（嘴部）植毛，毛流方向呈放射狀。

下巴區域植好的樣子。

將整個外圍輪廓進行修剪。
POINT 注意下巴區要剪得很貼。

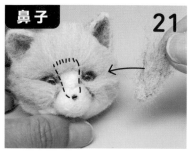

鼻子

用淺灰色羊毛製作一片鼻樑，並在嘴部中間偏上處畫點做記號（這邊是鼻尖）。

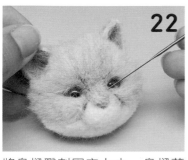

22

將鼻樑戳刺固定上去，鼻樑薄片上方的活毛可以用錐子輕輕刮開，使之與頭頂毛融合。

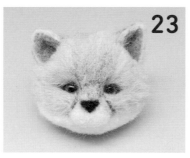

23

混合深咖啡色和黑色短纖維羊毛，做出深咖啡色鼻子，戳成小倒三角形固定在鼻樑尖端。

眼睛 **24**

用白色基底羊毛戳成細條（寬約 0.3cm），從鼻樑側邊順著上眼珠弧度輕輕戳刺固定。

25

這是兩邊上眼珠白色框戳刺固定好的樣子。

POINT 戳刺到眼尾末段後，若太長可以剪掉。

26

下眼珠也是使用同樣的方式戳上白框。

27

接著使用黑色短纖維羊毛揉成細線並戳刺固定在白框內，這是貓咪眼線的部分。

28

兩邊眼線戳刺固定好的樣子。

POINT 下眼珠也可以加上黑色眼線，但是注意眼線不要太粗喔！

嘴部 **29**

前端呈現軟球狀

製作兩個嘴部小球，一端稍微留點活毛。

30

準備將這兩個嘴部小球固定在鼻子兩側。

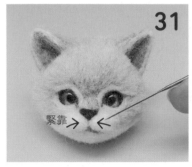

31

固定這兩小球時，會很像吸住
鼻子不分開，緊靠在一起。

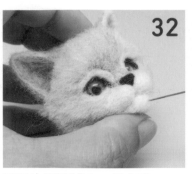

32

下巴也需要補上一個小球。

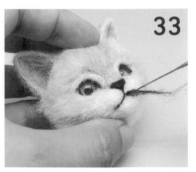

33

將黑色短纖維羊毛揉很細，戳
刺在人中部位及嘴部兩側（不
用拉太長，大約0.3-0.4cm）。

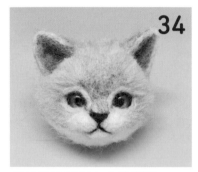

34

嘴部黑線戳刺上去的樣子。

花紋 35

用記號筆在眼睛尾端、嘴部畫
出貓咪臉部的花紋（依想要的
貓咪樣子為主）。

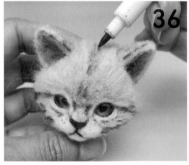

36

頭頂區也預先畫出花紋的記號
（注意這邊鼻樑兩側也有畫上
一點）。

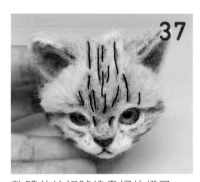

37

整體花紋記號線畫好的樣子。

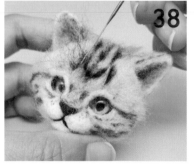

38

將黑色短纖維羊毛刺入花紋記
號線。

POINT 貓咪正臉的毛通常會剪很
短，因此短纖維比長纖維更好控制
花紋分布。

39

所有花紋刺入後，嘴巴中間可
以戳上一點粉紫色羊毛，並補
上嘴部中間的鬍鬚生長點。

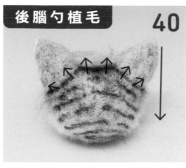

後腦勺植毛 40

翻到貓咪的後腦勺，準備進行植毛，這邊採取環狀（放射狀）植毛，順序為由上往下。

41

使用灰色長纖維羊毛，這邊的毛量會需要比較多且密集。

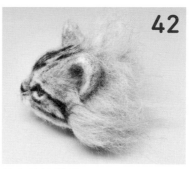

42

植完後的樣子。

43

把整個後腦勺修剪成半圓形。

44

接著也需要在後腦勺畫上花紋記號線。

POINT 美短的後腦勺花紋有粗細區分喔！

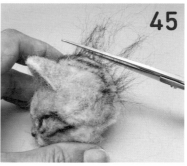

45

使用黑色長纖維羊毛橫向擺放刺入花紋記號，並且剪短。

POINT 注意每一束的量會影響花紋的粗細。

46

這是後腦勺花紋植好的樣子。

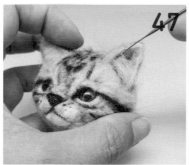

47

使用白色長纖維羊毛植在耳朵內側，並且稍做修剪，比耳朵外緣稍短。

48

美短頭部即完成。

《 身體 》

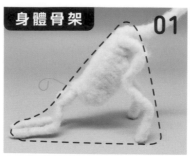

身體骨架 01

參考P.36，折出伸懶腰姿勢的骨架並包覆上羊毛，請留意整體呈現的角度。

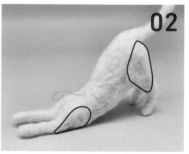

02

將後腿與前手臂補上羊毛充當肌肉，並且在身體銜接處補足羊毛。

側腹部 03

畫出軀幹即將植毛的區域，圖為側腹部範圍。

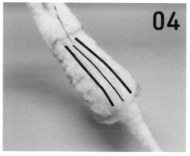

04

美短背部則會有三條紋路（要先預留位置）。

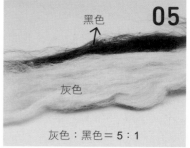

05

黑色

灰色

灰色：黑色＝5：1

準備灰色長纖維羊毛與Corrie系列黑色長纖維羊毛，以 5:1 左右的比例混合。

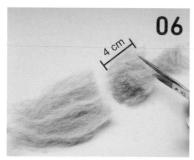

06

4 cm

混合好後，剪成每段約 4cm 的長度備用。

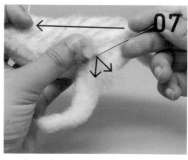

07

從後腿處往頭部方向植毛。將羊毛對折從中間戳刺固定。

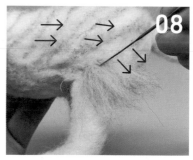

08

毛流朝下，一層層植入。

09

一排植好的樣子。

10

按此方式將側腹部植完，再來處理花紋的部分。

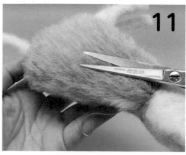

11

先將整體的毛修短。

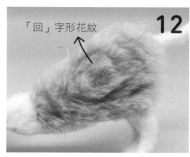

再使用記號筆畫上花紋。美短的側腹部會有一個像「回」字形的紋路，必須強調出來。

花紋大致畫好之後，可先使用小剪刀沿著紋路剪出縫隙預留植毛位置。

剪出「回」字形的縫隙。

接著使用Corrie系列黑色長纖維羊毛植入縫隙內。

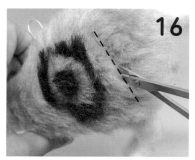

再以同樣方式剪出其他條紋的縫隙。

將黑色長纖維羊毛植入。

側腹部植好花紋的樣子。另一面腹部也用同樣方式植好花紋。

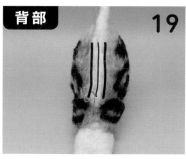

接下來處理美短的背部中央紋路，總共會有三條直線。

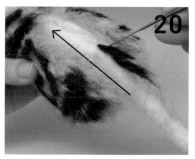

先使用黑色長纖維羊毛，以一小束的方式，由下往上植毛。

完成一條黑直線的樣子。

接著換成前面使用過的的混色灰毛，在黑直線左邊植一排。

在右邊也植一排。

植好後稍微修剪出縫隙，以安插另外兩道背部直條紋。

一樣由下往上植，只是左右這兩條花紋會比正中央的紋路粗，所以拿取多一點毛束。

三條直線植好的樣子。

背部以及兩側腹部花紋都植好的樣子。

臀腿部

在腿部畫上植毛範圍，交替使用混色灰毛及黑色長纖維羊毛，由下往上植毛。

單腳植好的樣子，進行修剪。

植好並修剪好的樣子。

接著用淺灰色羊毛去包覆腳的末端。

戳刺出足部末端的形狀。

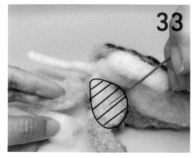

以淺灰色羊毛混合白色基底羊毛，戳刺後腿內側上半部。保留些微絨毛感，不用貼合。

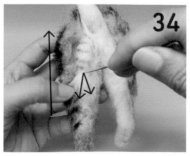

再來植屁股周圍的毛，使用白色長纖維羊毛，由下往上，對折植入。

一邊植好的樣子。

修剪出貓咪臀部的曲線。

從側面看修剪好的樣子。

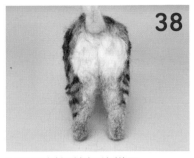

屁股兩側都植好的樣子。

接下來準備植胸口處,採環形植毛,由下往上植。

先植入一排混色灰毛。

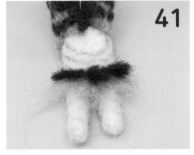

再植入一排黑色長纖維羊毛。

按此順序植好的樣子。

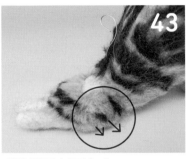

手臂側面也要植毛。

植好後,跟後腿一樣使用淺灰色羊毛包覆前手。

再用黑色短纖維羊毛戳條紋。
POINT 這邊入針可以淺一些,才不會與植毛的感覺差太多。

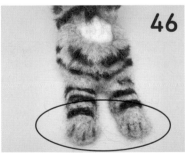

兩邊前手鋪完條紋後,用粗針在手掌前端戳出三條指縫,並用細字奇異筆畫得更清楚。

接下來是尾巴植毛,美短的尾巴花紋黑色部分粗細的差異大,也沒有中間的垂直花紋。

交替使用混色灰毛與黑色長纖維羊毛，由尾巴末端由下往上植毛，每束毛量需要少一些。

尾巴植好並修剪好的樣子。

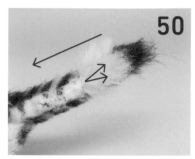

翻到尾巴背面，使用灰色長纖維羊毛植入。

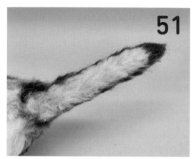

尾巴背面植好的樣子。

下腹部

使用白色長纖維羊毛植下腹部，由後腿處往胸口植毛。

POINT 這邊植毛不須對折，固定單邊植入、一層層薄貼以免過厚。

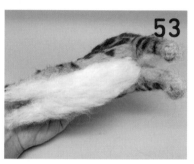

下腹部植好的樣子。

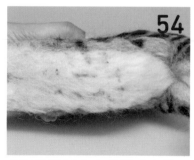

美短的肚子會有些零碎斑點分布（如圖示）。

使用深灰色羊毛以及黑色短纖維羊毛少量戳入。

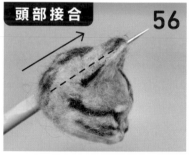

頭部接合

使用錐子從後腦勺往頭頂鑽出一個路徑。

再將脖子處的鐵絲沿著剛才鑽出的路徑，從頭頂穿出去。

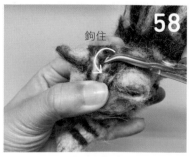

鉤住

使用尖嘴鉗將穿出的鐵絲折彎，固定鉤住頭部。

作品完成的樣子。

生活配件應用篇

戳好的羊毛氈作品只要稍微加工，就能變成裝飾性強又實用的配件喔！
這裡要教大家可以別在衣服或包包上的胸針，以及立在桌子或掛在牆上
都很適合的相框做法。每次光是看到它們，就覺得心被療癒了呢！

《 胸針 》

材料&工具 ✍

羊毛氈作品 * 依喜好挑選，符合胸針尺寸
別針
軟質不織布
保麗龍膠
細戳針
手縫針 / 線

How To Make ✍

若羊毛氈作品一開始就打算製成胸針，作品背面建議做成平面（如圖示），會比較容易黏貼軟質不織布。

將軟質不織布按照羊毛氈作品，剪出適合黏貼的大小。

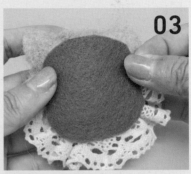
這是剪好的樣子。

將別針放在不織布上確認擺放位置。

POINT 別針位置最好靠近上方，到時候別在衣服或包包上，作品頭才不會往下掉，感覺垂垂的（重心要拉高一點）。

接著使用水消筆或氣消筆，在別針上緣的兩端，點兩點做記號（在別針長度的範圍內）。

別針下緣也是在頭尾點兩點做記號。

完成四個記號點。

將這四個點連成直的兩條線。

將兩條線內再畫出兩條，變成四等分。

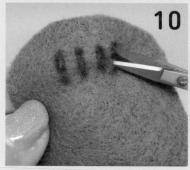

用剪刀沿著這四條線剪開，形成縫隙。

POINT 不要剪太長，不然到時別針穿過去會晃動。

將別針先由最右端的縫隙往下穿入。

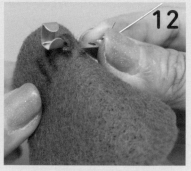

再從第二條縫隙往上穿出。

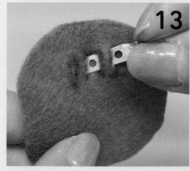

繼續再將別針向下穿過第三條縫隙。

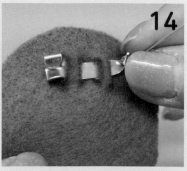

最後別針再往上從最左邊的縫隙穿出來。

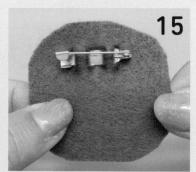

將別針關起來的樣子。

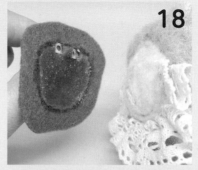

使用保麗龍膠塗在不織布的中央（不要塗到邊邊全滿，要預留針氈處）。

塗到大約 7-8 分滿即可（如圖的圓圈範圍內）。

接著將塗好膠的不織布黏到羊毛氈作品背面。

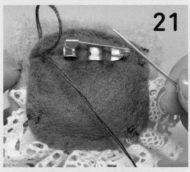

黏上去後的樣子。

使用細戳針，將外圍用針氈方式固定一圈。

可以再使用針線縫去固定 3-4 個點，確保羊毛氈作品不會與不織布分離。

縫好的樣子。

胸針作品完成！

《 相框 》

材料&工具 ✒

羊毛氈作品 * 依喜好挑選，符合相框尺寸
相框（5 吋方框）
軟質不織布
蕾絲
尖嘴鉗
斜口鉗
保麗龍膠

How To Make ✒

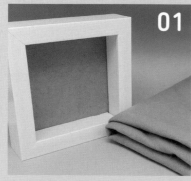
先準備好相框以及不織布。

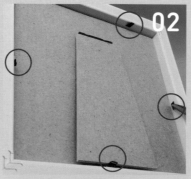
將相框背面的鐵鉤全部用尖嘴鉗撬開。

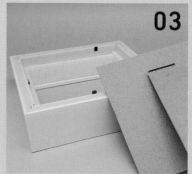
打開相框背板。

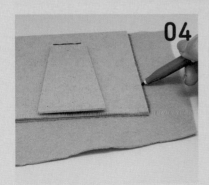

接著把背板拿出,放在不織布
上描出外框。

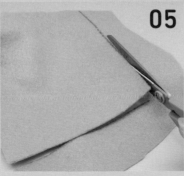

沿著畫好的外框線剪不織布。

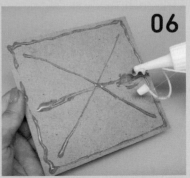

將背板內面塗上保麗龍膠。
POINT 不要塗太厚,否則不織布
的正面會因為過度濕潤變深色。

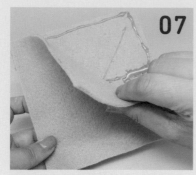

將不織布黏蓋上去。

黏好的樣子。

等候不織布與背板確實黏合乾燥後,再放回相框內卡住。

再用斜口鉗將鐵鉤壓下,使背板回到一開始的模樣。

接著翻到正面,在相框上方塗上保麗龍膠,並準備一段蕾絲準備黏貼。

POINT 請留意背板支撐片的上下方向,避免作品黏上去後才發現上下顛倒喔!

蕾絲黏好的樣子。

將羊毛氈作品(西伯利亞貓頭部)背面塗上保麗龍膠。

小心地固定在想要的位置上。

POINT 通常頭部會比較慢乾燥,可以輕壓並靜置一段時間。

將西伯利亞貓的手部底面也塗上保麗龍膠。

將手部黏在相框下方。

兩隻手都黏好，相框作品即完成！

台灣廣廈 國際出版集團
Taiwan Mansion International Group

國家圖書館出版品預行編目（CIP）資料

艾蜜莉的萌系動物羊毛氈【貓咪篇】：骨架×塑形×植毛全技
巧圖解，戳出蓬鬆柔軟的可愛毛孩 / 許孟真著. -- 初版. -- 新北
市：蘋果屋出版社有限公司, 2024.07
144 面；19×26 公分
ISBN 978-626-7424-24-7（平裝）
1.CST: 手工藝

426.7   113007291

艾蜜莉的萌系動物羊毛氈【貓咪篇】

骨架×塑形×植毛全技巧圖解，戳出蓬鬆柔軟的可愛毛孩（附原寸對照圖）

作　　　者／許孟真（艾蜜莉）　　　　編輯中心執行副總編／蔡沐晨
攝　　　影／Hand in Hand Photodesign　執行編輯／蔡沐晨・許秀妃　封面設計／曾詩涵
　　　　　　璞真奕睿影像　　　　　　　內頁排版／菩薩蠻數位文化有限公司
攝影（步驟圖）／許孟真（艾蜜莉）　　製版・印刷・裝訂／東豪・弼聖・秉成

行企研發中心總監／陳冠蒨　　　　　　線上學習中心總監／陳冠蒨
媒體公關組／陳柔彣　　　　　　　　　數位營運組／顏佑婷
綜合業務組／何欣穎　　　　　　　　　企製開發組／江季珊、張哲剛

發　行　人／江媛珍
法 律 顧 問／第一國際法律事務所 余淑杏律師・北辰著作權事務所 蕭雄淋律師
出　　　版／蘋果屋
發　　　行／蘋果屋出版社有限公司
　　　　　　地址：新北市235中和區中山路二段359巷7號2樓
　　　　　　電話：（886）2-2225-5777・傳真：（886）2-2225-8052

代理印務・全球總經銷／知遠文化事業有限公司
　　　　　　地址：新北市222深坑區北深路三段155巷25號5樓
　　　　　　電話：（886）2-2664-8800・傳真：（886）2-2664-8801
郵 政 劃 撥／劃撥帳號：18836722
　　　　　　劃撥戶名：知遠文化事業有限公司（※單次購書金額未達1000元，請另付70元郵資。）

■出版日期：2024年07月　　　ISBN：978-626-7424-24-7